普通高等教育“十三五”规划教材

大学物理教程学习指导

主　编　王海威
参　编　刘浩广
主　审　易江林

机 械 工 业 出 版 社

本书是机械工业出版社出版的《大学物理教程》（严导淦、易江林主编）教材的配套辅导书。全书各章由基本内容、习题解答和章节训练三部分组成。基本内容部分简要以学习要点与重要公式的形式给出各章的基本概念、基本规律和重要结论，使知识全面系统，便于掌握；习题解答部分对《大学物理教程》中的习题逐一给出详细解答（其中带“＊”号的习题与教材中带“＊”号的内容配套），解题过程突出物理概念和物理模型，注重解题方法的介绍；章节训练部分针对本章内容进行训练，有助于读者自学，同时也可以帮助读者自觉地掌握大学物理知识，提高分析问题与解决问题的能力。

本书可作为高等院校工科各专业学生的辅导书或自学参考书。

图书在版编目（CIP）数据

大学物理教程学习指导/王海威主编．—北京：机械工业出版社，2016.12
普通高等教育“十三五”规划教材
ISBN 978-7-111-55671-8

Ⅰ.①大…　Ⅱ.①王…　Ⅲ.①物理学－高等学校－教学参考资料
Ⅳ.①O4

中国版本图书馆 CIP 数据核字（2016）第 302655 号

机械工业出版社（北京市百万庄大街 22 号　邮政编码 100037）
策划编辑：李永联　责任编辑：李永联　王　良　姜　凤
责任校对：刘　岚　封面设计：马精明
责任印制：李　洋
河北鑫宏源印刷包装有限责任公司印刷
2016 年 12 月第 1 版第 1 次印刷
184mm×260mm·9.5 印张·223 千字
标准书号：ISBN 978-7-111-55671-8
定价：22.00元

凡购本书，如有缺页、倒页、脱页，由本社发行部调换

电话服务
服务咨询热线：010－88379833
读者购书热线：010－88379649

网络服务
机 工 官 网：www.cmpbook.com
机 工 官 博：weibo.com/cmp1952
教育服务网：www.cmpedu.com
金 书 网：www.golden－book.com

前　言

在学习大学物理课程的过程中，做习题是一个重要的学习环节，它不仅能检查学生对课程基本内容的理解和掌握的程度，还能巩固所学的知识，拓展并深化对基本概念和基本规律的理解，有助于学生提高分析问题和解决问题的能力。为了帮助学生掌握正确的解题方法，根除不求甚解地乱套公式、拼凑答案的不良习惯，我们配合严导淦、易江林主编的《大学物理教程》教材，编写了这本《大学物理教程学习指导》教学参考书。本书给出了《大学物理教程》全部习题的分析和解答。我们在解题中注重分析解题的思路和方法，旨在启迪思维，提高学生分析问题和解决问题的能力。为了方便读者使用本书，我们把每章的习题进行分类，并指出本章的基本要求。

本书题目类型灵活，难易适中，重点考查学生对基础知识、基本技能的掌握和运用能力。本书在正式出版之前，已在南昌航空大学科技学院多次试用，并对其进行了不断完善。

与同类教材或参考书相比，本书具有难度较低、题量适中、知识块式练习突出的特点，适合一般普通本科院校学生使用。在以后的教学实践中，我们会通过不断完善，努力将本书打造成为一本适合我国高校，尤其是一般普通本科院校使用的大学物理学习指导书。

编　者

部分物理常量

引力常量	$G=6.67\times10^{-11}\mathrm{N\cdot m^2\cdot kg^{-2}}$
重力加速度	$g=9.8\mathrm{m\cdot s^{-2}}$
阿伏伽德罗常量	$N_A=6.02\times10^{23}\mathrm{mol^{-1}}$
摩尔气体常量	$R=8.31\mathrm{J\cdot mol^{-1}\cdot K^{-1}}$
标准大气压	$1\mathrm{atm}=1.013\times10^{5}\mathrm{Pa}$
玻耳兹曼常量	$k=1.38\times10^{-23}\mathrm{J\cdot K^{-1}}$
真空中光速	$c=3.00\times10^{8}\mathrm{m/s}$
电子质量	$m_e=9.11\times10^{-31}\mathrm{kg}$
中子质量	$m_n=1.67\times10^{-27}\mathrm{kg}$
质子质量	$m_p=1.67\times10^{-27}\mathrm{kg}$
元电荷	$e=1.60\times10^{-19}\mathrm{C}$
真空电容率	$\varepsilon_0=8.85\times10^{-12}\mathrm{F\cdot m^{-1}}$
真空磁导率	$\mu_0=4\pi\times10^{-7}\mathrm{H\cdot m^{-1}}=1.26\times10^{-6}\mathrm{H\cdot m^{-1}}$
普朗克常量	$h=6.63\times10^{-34}\mathrm{J\cdot s}$
维恩常量	$b=2.897\times10^{-3}\mathrm{m\cdot K}$
斯特藩-玻耳兹曼常量	$\sigma=5.67\times10^{-8}\mathrm{W/(m^2\cdot K^4)}$

目　　录

第 1 章　质点运动学与牛顿定律

本章内容与教材第 1 章内容相对应。

1.1　学习要点与重要公式

1. 参考系与坐标系

描述物体运动时用做参考的其他物体称为参考系。为了定量地说明物体对参考系的位置，需要在该参考系建立固定的坐标系。常用的坐标系有直角坐标系和自然坐标系。

2. 描述质点运动的物理量

（1）位矢　$\boldsymbol{r}$

（2）位移　$\Delta\boldsymbol{r}=\boldsymbol{r}_2-\boldsymbol{r}_1$

（3）速度　$\boldsymbol{v}=\dfrac{\mathrm{d}\boldsymbol{r}}{\mathrm{d}t}$

（4）加速度　$\boldsymbol{a}=\dfrac{\mathrm{d}\boldsymbol{v}}{\mathrm{d}t}=\dfrac{\mathrm{d}\boldsymbol{r}}{\mathrm{d}t}$

3. 描述质点运动的坐标系

（1）直角坐标系

① 位矢　$\boldsymbol{r}=x\boldsymbol{i}+y\boldsymbol{j}+z\boldsymbol{k}$

大小：$r=|\boldsymbol{r}|=\sqrt{x^2+y^2+z^2}$

方向：$\cos\alpha=\dfrac{x}{|\boldsymbol{r}|}=\dfrac{x}{r}$，$\cos\beta=\dfrac{y}{|\boldsymbol{r}|}=\dfrac{y}{r}$，$\cos\gamma=\dfrac{z}{|\boldsymbol{r}|}=\dfrac{z}{r}$

② 位移　$\Delta\boldsymbol{r}=\Delta x\boldsymbol{i}+\Delta y\boldsymbol{j}+\Delta z\boldsymbol{k}$

大小：$|\Delta\boldsymbol{r}|=\sqrt{\Delta x^2+\Delta y^2+\Delta z^2}$

方向：运动的起点指向终点

③ 速度　$\boldsymbol{v}=\dfrac{\mathrm{d}x}{\mathrm{d}t}\boldsymbol{i}+\dfrac{\mathrm{d}y}{\mathrm{d}t}\boldsymbol{j}+\dfrac{\mathrm{d}z}{\mathrm{d}t}\boldsymbol{k}=v_x\boldsymbol{i}+v_y\boldsymbol{j}+v_z\boldsymbol{k}$

大小：$v=|\boldsymbol{v}|=\sqrt{v_x^2+v_y^2+v_z^2}$

方向：运动轨迹的切线方向

④ 加速度　$\boldsymbol{a}=\dfrac{\mathrm{d}v_x}{\mathrm{d}t}\boldsymbol{i}+\dfrac{\mathrm{d}v_y}{\mathrm{d}t}\boldsymbol{j}+\dfrac{\mathrm{d}v_z}{\mathrm{d}t}\boldsymbol{k}$

大小：$a=|\boldsymbol{a}|=\sqrt{a_x^2+a_y^2+a_z^2}$

方向：$\Delta\boldsymbol{r}$ 的极限方向

（2）自然坐标系（一般针对曲线运动）

① 速度　$\boldsymbol{v}=\dfrac{\mathrm{d}s}{\mathrm{d}t}\boldsymbol{\tau}$（方向沿轨道的切线方向）

② 加速度
$$\boldsymbol{a}=\boldsymbol{a}_{\mathrm{t}}+\boldsymbol{a}_{\mathrm{n}}=\frac{\mathrm{d}v}{\mathrm{d}t}\boldsymbol{\tau}+\frac{v^2}{\rho}\boldsymbol{n}$$

大小：
$$a=\sqrt{a_{\mathrm{t}}^2+a_{\mathrm{n}}^2}$$

方向：

切向加速度的大小 $a_{\mathrm{t}}=\dfrac{\mathrm{d}v}{\mathrm{d}t}$表示质点速度大小改变的快慢，方向沿切线方向；

法向加速度的大小 $a_{\mathrm{n}}=\dfrac{v^2}{\rho}$（$\rho$ 为曲率半径）表示质点速度方向改变的快慢，方向沿曲率半径指向瞬时圆心。

4. 运动方程

质点的位矢随时间变化的函数关系 $r=r(t)$ 称为质点的运动方程。在直角坐标系中，运动方程可表示为
$$\boldsymbol{r}(t)=x(t)\boldsymbol{i}+y(t)\boldsymbol{j}+z(t)\boldsymbol{k}$$
其分量式为
$$x=x(t),\ y=y(t),\ z=z(t)$$
从运动方程中消去 t，便可得到质点的轨道方程。

5. 质点运动学的两类基本问题

（1）已知质点的运动方程，求质点的状态参量→用微分的方法求解；

（2）已知质点的状态参量和初始条件，求质点的运动方程→用积分的方法求解。

6. 圆周运动的角量描述

（1）角位置　θ

（2）角位移　$\Delta\theta=\theta_2-\theta_1$

（3）角速度　$\omega=\dfrac{\mathrm{d}\theta}{\mathrm{d}t}$

工程上：$\omega=2\pi n$（n 为转速）。

（4）角加速度　$\beta=\dfrac{\mathrm{d}\omega}{\mathrm{d}t}=\dfrac{\mathrm{d}^2\theta}{\mathrm{d}t^2}$

（5）角量与线量的关系
$$v=R\omega,\ a_{\mathrm{n}}=R\omega^2,\ a_{\mathrm{t}}=R\beta$$

7. 几种典型的质点运动

（1）匀速直线运动
$$a=0,\ v=\text{常量},\ \Delta x=x-x_0=vt$$

（2）匀变速直线运动
$$a=\text{常量},\ \Delta x=v_0t+\frac{1}{2}at^2,\ v=v_0+at,\ v^2-v_0^2=2a\Delta x$$

（3）抛体运动
$$a_x=0,\ a_y=-g,\ v_x=v_0\cos\theta,\ v_y=v_0\sin\theta-gt$$
$$x=v_0\cos\theta t,\ y=v_0\sin\theta t-\frac{1}{2}gt^2$$

（4）匀速圆周运动

$$\beta=0,\ \omega=常量,\ \Delta\theta=\omega t$$

（5）匀变速圆周运动

$$\beta=常量,\ \Delta\theta=\theta-\theta_0=\omega_0 t+\frac{1}{2}\beta t^2,\ \omega=\omega_0+\beta t,\ \omega^2-\omega_0^2=2\beta\Delta\theta$$

8. 相对运动

在两个做相对平动的参考系间存在的变换关系为

（1）坐标变换　　$\boldsymbol{r}=\boldsymbol{r}_0+\boldsymbol{r}'$

（2）速度变换　　$\boldsymbol{v}=\boldsymbol{u}+\boldsymbol{v}'$

（3）加速度变换　　$\boldsymbol{a}=\boldsymbol{a}_0+\boldsymbol{a}'$

式中，$\boldsymbol{r}$、$\boldsymbol{v}$ 和 $\boldsymbol{a}$ 分别为质点相对于静止参考系的绝对位矢、绝对速度和绝对加速度；$\boldsymbol{r}'$、$\boldsymbol{v}'$、$\boldsymbol{a}'$分别为质点相对于运动参考系的相对位矢、相对速度和相对加速度；$\boldsymbol{r}_0$、$\boldsymbol{u}$、$\boldsymbol{a}_0$ 分别为运动参考系相对静止参考系的牵连位矢量、牵连速度和牵连加速度。

9. 牛顿运动定律

（1）第一运动定律　　$\boldsymbol{F}=0$ 时，　$\boldsymbol{v}=常量$

（2）第二运动定律　　$\boldsymbol{F}=m\dfrac{\mathrm{d}\boldsymbol{v}}{\mathrm{d}t}=m\boldsymbol{a}$

在具体应用中，通常采用其分量式。以平面运动为例，在直角坐标系及自然坐标系中，其分量式分别为

对于直角坐标系，有　　$F_x=ma_x$，$F_y=ma_y$

对于自然坐标系，有　　$F_{\mathrm{t}}=m\dfrac{\mathrm{d}v}{\mathrm{d}t}$，$F_{\mathrm{n}}=m\dfrac{v^2}{R}$

（3）第三运动定律　　$\boldsymbol{F}=-\boldsymbol{F}'$

牛顿运动定律是物体做低速运动（$v\ll c$）时所遵循的动力学基本规律，是经典力学的基础。

10. 力学中常见的三种力

（1）万有引力　两物体（质点）间相互吸引的作用力。

$$\boldsymbol{F}=G\frac{m_1m_2}{r^2}\boldsymbol{r}_0\ \ (G=6.67\times10^{-11}\mathrm{N\cdot m^2\cdot kg^{-2}})$$

地球对地面附近物体的万有引力称为重力，用 $\boldsymbol{W}$ 表示

$$\boldsymbol{W}=m\boldsymbol{g}\quad (g=9.8\mathrm{m/s^2})$$

（2）弹性力　属电磁力，具有多种形式，常见的有弹簧的弹力（$F=-kx$）、正压力、绳子的张力等。

（3）摩擦力　两个相互接触的物体间有相对滑动或相对滑动趋势时，在接触面上产生的阻碍物体相对滑动或相对滑动趋势的力。

① 滑动摩擦力（有相对滑动）

$$F=\mu F_{\mathrm{n}}$$

② 静摩擦力（有相对滑动趋势）

$$F_{\mathrm{s}}=\mu_{\mathrm{s}}F_{\mathrm{n}}$$

式中，μ 为滑动摩擦因数；μ_{s}为静摩擦因数；F_{n} 为物体的正压力。

11. 非惯性系中的力学定律

$$\boldsymbol{F}+\boldsymbol{F}^{*}=m\boldsymbol{a}'$$

$$\boldsymbol{F}^{*}=-m\boldsymbol{a}_0$$

式中，m 为物体质量；$\boldsymbol{a}_0$ 为非惯性系相对惯性系的加速度；$\boldsymbol{a}'$为物体相对于非惯性系的加速度；$\boldsymbol{F}$ 为物体受到的合外力；$\boldsymbol{F}^{*}$为假想的惯性力（此力无相应的作用力）。

1.2 习题解答

1-1 某质点做直线运动的运动学方程为 $x=3t-5t^3+6$ （SI），则该质点做：

（A）匀加速直线运动，加速度沿 x 轴正方向；

（B）匀加速直线运动，加速度沿 x 轴负方向；

（C）变加速直线运动，加速度沿 x 轴正方向；

（D）变加速直线运动，加速度沿 x 轴负方向。 [D]

1-2 一质点做直线运动，某时刻的瞬时速度 $v=2\text{m/s}$，瞬时加速度 $a=-2\text{m/s}^2$，则 1s 后质点的速度：

（A）等于零； （B）等于 -2m/s；

（C）等于 2m/s； （D）不能确定。 [D]

1-3 质点沿半径为 R 的圆周做匀速率运动，每 t 秒转一圈. 在 $2t$ 时间间隔中，其平均速度大小与平均速率大小分别为：

（A）$2\pi R/t$，$2\pi R/t$； （B）0，$2\pi R/t$；

（C）0，0； （D）$2\pi R/t$，0。 [B]

1-4 在相对地面静止的坐标系内，A、B 两条船都以 2m/s 速率匀速行驶，A 船沿 x 轴正向，B 船沿 y 轴正向。今在 A 船上设置与静止坐标系方向相同的坐标系（x、y 方向单位矢用 $\boldsymbol{i}$、$\boldsymbol{j}$ 表示），那么在 A 船上的坐标系中，B 船的速度（以 m/s 为单位）为：

（A）$2\boldsymbol{i}+2\boldsymbol{j}$； （B）$-2\boldsymbol{i}+2\boldsymbol{j}$；

（C）$-2\boldsymbol{i}-2\boldsymbol{j}$； （D）$2\boldsymbol{i}-2\boldsymbol{j}$。 [B]

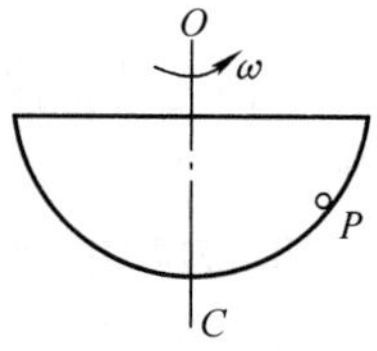

习题 1-5 图

1-5 一光滑的内表面半径为 10cm 的半球形碗如习题 1-5 图所示，以匀角速度 ω 绕其对称 OC 旋转。已知放在碗内表面上的一个小球 P 相对于碗静止，其位置高于碗底 4cm，则由此可推知碗旋转的角速度约为：

（A）10rad/s； （B）13rad/s；

（C）17rad/s； （D）18rad/s。 [B]

1-6 在升降机天花板上拴有轻绳，如习题 1-6 图所示，其下端系一重物，当升降机以加速度 a_1 上升时，绳中的张力正好等于绳子所能承受的最大张力的一半，问升降机以多大加速度上升时，绳子刚好被拉断？

（A）$2a_1$； （B）$2(a_1+g)$；

（C）$2a_1+g$； （D）a_1+g。 [C]

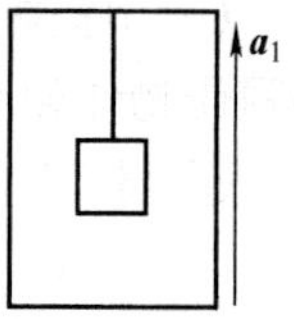

习题 1-6 图

1-7 质点沿半径为 R 的圆周运动，运动学方程为 $\theta=3+2t^2$ （SI），

则 t 时刻质点的法向加速度大小为 $a_n=$__________，角加速度 $\beta=$__________。

答案：$16Rt^2$；4rad/s^2

1-8　灯距地面高度为 h_1，一个人身高为 h_2，在灯下以匀速率 v 沿水平直线行走，如习题 1-8 图所示。他的头顶在地上的影子 M 点沿地面移动的速度为：

$v_M=$__________。答案：$h_1v/(h_1-h_2)$

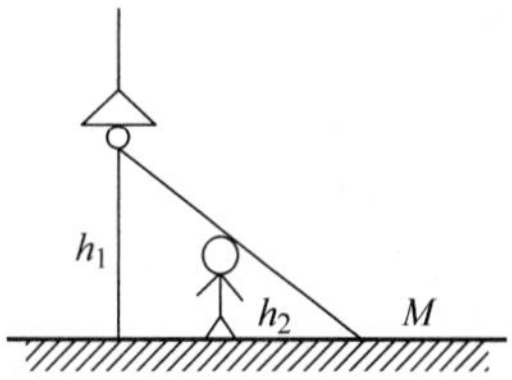

习题 1-8 图

1-9　一物体做如习题 1-9 图所示的斜抛运动，测得在轨道 A 点处速度 $\boldsymbol{v}$ 的大小为 v，其方向与水平方向夹角成 30°。则：

物体在 A 点的切向加速度 $a_t=$__________，

轨道的曲率半径 $\rho=$__________。

答案：$-g/2$；$2\sqrt{3}v^2/(3g)$

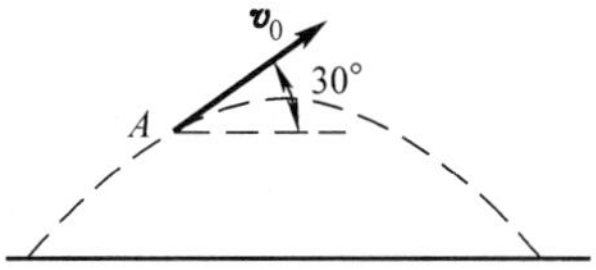

习题 1-9 图

1-10　质量为 m 的小球，用轻绳 AB、BC 连接，如习题 1-10 图所示，其中 AB 水平。剪断绳 AB 前后的瞬间，绳 BC 中的张力比 $F:F'=$__________。

答案：$1/\cos^2\theta$

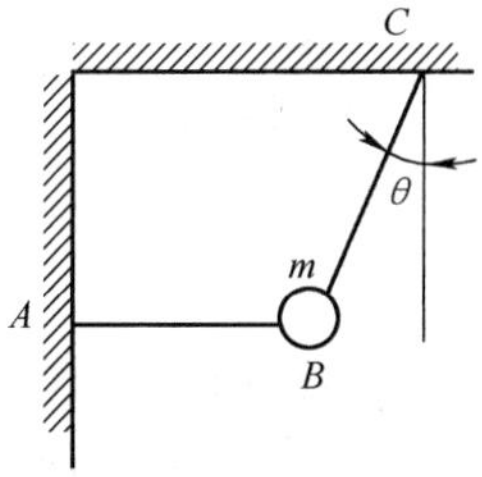

习题 1-10 图

1-11　一质点沿 x 轴运动，其加速度 a 与位置坐标 x 的关系为

$$a=2+6x^2 \qquad \text{(SI)}$$

如果质点在原点处的速度为零，试求其在任意位置处的速度。

解：设质点在 x 处的速度为 v，

$$a=\frac{\mathrm{d}v}{\mathrm{d}t}=\frac{\mathrm{d}v}{\mathrm{d}x}\cdot\frac{\mathrm{d}x}{\mathrm{d}t}=2+6x^2$$

$$\int_0^v v\mathrm{d}v=\int_0^x(2+6x^2)\mathrm{d}x$$

$$v=2(x+x^3)^{1/2}$$

1-12　有一质点沿 x 轴做直线运动，t 时刻的坐标为 $x=4.5t^2-2t^3$　(SI)。试求：

(1) 第 2s 内的平均速度；

(2) 第 2s 末的瞬时速度；

(3) 第 2s 内的路程。

解：(1) $\bar{v}=\Delta x/\Delta t=-0.5\text{m/s}$

(2) $v=\mathrm{d}x/\mathrm{d}t=9t-6t^2$　　$v(2)=-6\text{m/s}$

(3) $S=|x(1.5)-x(1)|+|x(2)-x(1.5)|=2.25\text{m}$

1-13　为了估测上海市杨浦大桥桥面离黄浦江正常水面的高度，可在静夜时从桥栏旁向水面自由释放一颗石子，同时用秒表大致测得经过 3.3s 在桥面听到石子击水声。已知声音在空气中传播速度为 330m/s，试估算桥面离江面有多高？

解：根据题意，石子自由下落到水面时间为 t_1，声音从水面匀速传回桥面时间为 t_2，列方程

$$h=\frac{1}{2}gt_1^2,\quad g\text{ 取 }10\text{m/s}^2,\quad h=vt_2,\quad t_1+t_2=3.3\text{s}$$

求出：$t_1=3.15\text{s}$，$t_2=0.15\text{s}$；$h\approx49.5\text{m}$

1-14　如习题1-14图所示，一飞机驾驶员想往正北方向航行，而风以60km/h的速度由东向西刮来，如果飞机的航速（在静止空气中的速率）为180km/h，试问驾驶员应取什么航向？飞机相对于地面的速率为多少？试用矢量图说明。

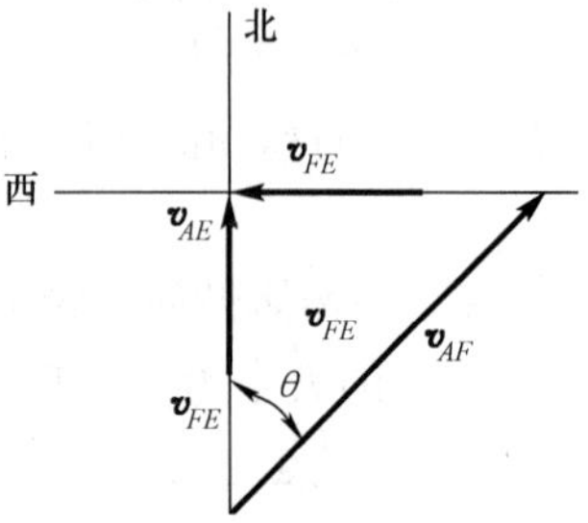

习题1-14图

解：设下标A指飞机，F指空气，E指地面，由题可知：

图1分

$v_{FE}=60\text{km/h}$　　正西方向

$v_{AF}=180\text{km/h}$　　方向未知

v_{AE}大小未知，　　正北方向

由相对速度关系有

$$\boldsymbol{v}_{AF}=\boldsymbol{v}_{AE}+\boldsymbol{v}_{FE}$$

$\boldsymbol{v}_{AE}$、$\boldsymbol{v}_{AF}$、$\boldsymbol{v}_{FE}$构成直角三角形，可得

$$|\boldsymbol{v}_{AE}|=\sqrt{(\boldsymbol{v}_{AF})^2-(\boldsymbol{v}_{FE})^2}=170\text{km/h}$$

$$\theta=\arctan(v_{FE}/v_{AE})=19.4°$$

飞机应取向北偏东19.4°的航向。

1-15　如习题1-15图所示，质量为m的摆球A悬挂在车架上。求在下述各种情况下，摆线与竖直方向的夹角α和线中的张力F_T。

（1）小车沿水平方向做匀速运动；

（2）小车沿水平方向做加速度为a的运动。

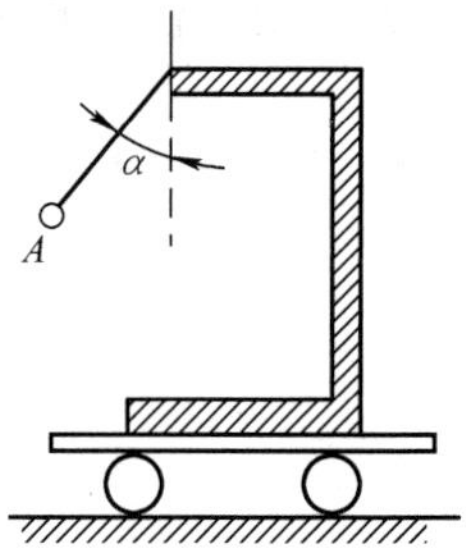

习题1-15图

解：（1）

$$\alpha=0$$

$$F_T=mg$$

（2）

$$F_T\sin\alpha=ma,\qquad F_T\cos\alpha=mg$$

$$\tan\alpha=a/g\ [\text{或 }\alpha=\arctan(a/g)]$$

$$F_T=m\sqrt{a^2+g^2}$$

1-16　如习题1-16图所示，一条质量分布均匀的绳子，质量为m、长度为L，一端拴在竖直转轴OO'上，并以恒定角速度ω在水平面上旋转。设转动过程中绳子始终伸直不打弯，且忽略重力，求距转轴为r处绳中的张力$F_{(r)}$。

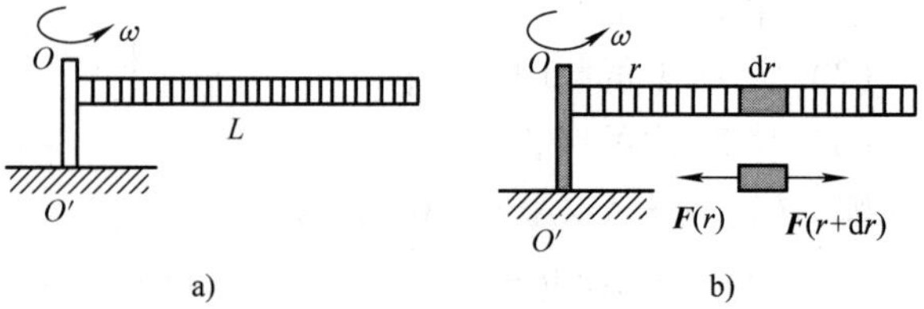

习题1-16图

解：取距转轴为r处，长为$\text{d}r$的小段绳子，其质量为$(m/L)\text{d}r$。

（取元，画元的受力图）　2分

由于绳子做圆周运动，所以小段绳子有径向加速度，由牛顿定律得

$$F(r)-F(r+\text{d}r)=(m/L)\text{d}rr\omega^2$$

令　$$F(r)-F(r+\mathrm{d}r)=-\mathrm{d}F(r)$$

得　$$\mathrm{d}F=-(m\omega^2/L)r\mathrm{d}r$$

由于绳子的末端是自由端　$$F(L)=0$$

有　$$\int_{F(r)}^{0}\mathrm{d}F=-\int_{r}^{L}(M\omega^2/L)r\mathrm{d}r$$

所以　$$F(r)=M\omega^2(L^2-r^2)/(2L)$$

1-17　一艘正在沿直线行驶的电艇，在发动机关闭后，其加速度方向与速度方向相反，大小与速度二次方成正比，即 $\mathrm{d}v/\mathrm{d}t=-Kv^2$，式中 K 为常量。试证明电艇在关闭发动机后又行驶 x 距离时的速度为

$$v=v_0\exp(-Kx)$$

其中 v_0 是发动机关闭时的速度。

证:　$$\frac{\mathrm{d}v}{\mathrm{d}t}=\frac{\mathrm{d}v}{\mathrm{d}x}\cdot\frac{\mathrm{d}x}{\mathrm{d}t}=v\frac{\mathrm{d}v}{\mathrm{d}x}=-Kv^2$$

所以　$$\mathrm{d}v/v=-K\mathrm{d}x$$

$$\int_{v_0}^{v}\frac{1}{v}\mathrm{d}v=-\int_0^x K\mathrm{d}x,\ln\frac{v}{v_0}=-Kx$$

所以　$$v=v_0\mathrm{e}^{-Kx}$$

1-18　如习题 1-18 图所示，质量为 m 的小球，在水中受的浮力为常力 F，当它从静止开始沉降时，受到水的黏滞阻力为 $F_\tau=kv$（k 为常数）。证明小球在水中竖直沉降的速度 v 与时间 t 的关系为

$$v=\frac{mg-F}{k}(1-\mathrm{e}^{-kt/m})$$

式中 t 为从沉降开始计算的时间。

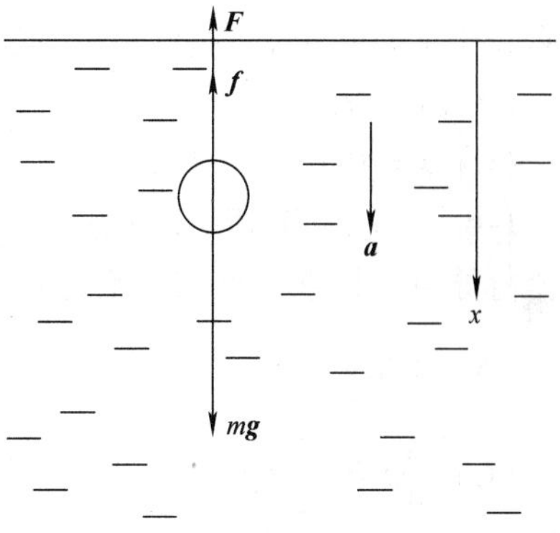

习题 1-18 图

证：小球受力如图所示，根据牛顿第二定律

$$mg-kv-F=ma=m\frac{\mathrm{d}v}{\mathrm{d}t}$$

$$\frac{\mathrm{d}v}{(mg-kv-F)/m}=\mathrm{d}t$$

初始条件：　$$t=0,\ v=0.$$

$$\int_0^v\frac{\mathrm{d}v}{(mg-kv-F)/m}=\int_0^t\mathrm{d}t$$

所以　$$v=(mg-F)(1-\mathrm{e}^{-kt/m})/k$$

1.3　质点运动学与牛顿定律章节训练

1. 选择题

1-1　下列说法正确的是：

① $\boldsymbol{A}\times\boldsymbol{B}\cdot\boldsymbol{C}=-\boldsymbol{B}\times\boldsymbol{A}\cdot\boldsymbol{C}$　　② $(\boldsymbol{A}\cdot\boldsymbol{B})(\boldsymbol{A}\cdot\boldsymbol{B})=(\boldsymbol{A}\cdot\boldsymbol{A})(\boldsymbol{B}\cdot\boldsymbol{B})$

③ $(\boldsymbol{A}\cdot\boldsymbol{B})\boldsymbol{C}=\boldsymbol{A}(\boldsymbol{B}\cdot\boldsymbol{C})$　　④ $\boldsymbol{A}\times\boldsymbol{B}\times\boldsymbol{C}=\boldsymbol{A}\times(\boldsymbol{B}\times\boldsymbol{C})$

⑤ 若 $\boldsymbol{A}\cdot\boldsymbol{B}=0$ 则 $\boldsymbol{A}=0$ 或 $\boldsymbol{B}=0$　　⑥ 若 $\boldsymbol{A}\times\boldsymbol{B}=0$，且 $A\neq 0$，$B\neq 0$ 则 $\boldsymbol{A}$ 与 $\boldsymbol{B}$ 平行。

（A）①②③④⑤⑥　　（B）①②③④

（C）②⑥　　（D）①⑥　　[　　]

1-2　以下四种运动形式中，加速度保持不变的运动是：

（A）抛体运动；　　（B）匀速圆周运动；

（C）变加速直线运动；　　（D）单摆的运动。　　[　　]

1-3　一质点在平面上运动，已知质点的运动方程为 $\boldsymbol{r}=at^2\boldsymbol{i}+bt^2\boldsymbol{j}$，其中 a 和 b 为常数，则该质点做：

（A）匀速直线运动；　　（B）变速直线运动；

（C）抛体运动；　　（D）一般曲线运动。　　[　　]

1-4　某质点做直线运动的运动学方程为 $x=5t-2t^3+8$，则该质点做：

（A）匀加速直线运动，加速度沿 x 轴正方向；

（B）匀加速直线运动，加速度沿 x 轴负方向；

（C）变加速直线运动，加速度沿 x 轴正方向；

（D）变加速直线运动，加速度沿 x 轴负方向。　　[　　]

1-5　一质点以速度 $v=4+t^2$(SI) 做直线运动，沿质点运动直线作 Ox 轴。已知 $t=3\text{s}$ 时质点位于 $x=9\text{m}$ 处，则该质点的运动学方程为：

（A）$x=2t$；　　（B）$x=4t+t^3/2$；

（C）$x=4t+t^3/3-12$；　　（D）$x=4t+t^3/3+12$。　　[　　]

1-6　质量为 0.25kg 的质点受到力 $\boldsymbol{F}=t\boldsymbol{i}$ 的作用。$t=0$ 时，该质点以 $\boldsymbol{v}=2\boldsymbol{j}\text{m/s}$ 的速度通过坐标原点，则该质点在任意时刻的位置矢量是：

（A）$2t^2\boldsymbol{i}+2\boldsymbol{j}$；　　（B）$\frac{2}{3}t^3\boldsymbol{i}+2t\boldsymbol{j}$；

（C）$\frac{3}{4}t^4\boldsymbol{i}+\frac{2}{3}t^3\boldsymbol{j}$；　　（D）不能确定。　　[　　]

2. 填空题

1-1　一质点做半径为 R 的匀速圆周运动，在此过程中质点的切向加速度的方向________，法向加速度的大小________。（填“改变”或“不变”）

1-2　一质点沿直线运动，其运动方程为 $x=6t-t^2$(SI)，则在 t 由 0 至 4s 的时间间隔内，质点的位移的大小为________；质点所走过的路为________。

1-3　一质点在 xOy 平面内运动，其运动方程为 $x=2t$，$y=19-2t^2$，则质点在任意时刻的速度表达式为________，加速度表达式为________。

1-4　一质点沿 x 轴运动，其运动方程为 $x=3t^2-2t^3$(SI)。当质点的加速度为 0 时，其速度的大小 $v=$________。

1-5　沿 x 轴正方向做直线运动的物体，已知 $a=3x^2-1$，当 $x=0$ 时，初速度 $v_0=2\text{m/s}$，当其运动到 $x=2\text{m}$ 处时，其速率变为________。

1-6　一质点从静止出发沿半径 $R=1\text{m}$ 的圆周运动，其角加速度随时间 t 的变化规律是 $\beta=12t^2-6t$(SI) 则质点的角速度 $\omega=$________；切向加速度 $a_t=$________。

1-7　一飞轮边缘上一点所经过的路程与时间的关系为 $s = v_0 t - bt^2/2$，v_0、b 都是正的常量。

（1）求该点在时刻 t 的加速度 $\boldsymbol{a}$ = ________；（写出 $\boldsymbol{a}$ 的矢量表达式即可）

（2）t = ________时，该点的切向加速度与法向加速度的大小相等？已知飞轮的半径为 R。

3. 计算题

1-1　已知质点的运动方程 $\boldsymbol{r} = 2t\boldsymbol{i} + (2 - t^2)\boldsymbol{j}$，求：

（1）质点的轨迹；

（2）$t = 0\text{s}$ 及 $t = 2\text{s}$ 时，质点的位置矢量；

（3）$t = 0\text{s}$ 到 $t = 2\text{s}$ 时间内的位移；

（4）$t = 2\text{s}$ 内的平均速度；

（5）$t = 2\text{s}$ 末的速度及速度大小；

（6）$t = 2\text{s}$ 末加速度及加速度大小。

1-2　一质点沿 x 轴运动，其加速度为 $a = 4t$(SI)，已知 $t = 0$ 时，质点位于 $x_0 = 10\text{m}$ 处，初速度 $v_0 = 0$。试求其位置和时间的关系式。

1-3　以初速度 v_0 竖直向上抛出一质量为 m 的小球，小球除受重力外，还受一个大小为 $\alpha m v^2$ 的黏滞阻力。求小球上升的最大高度。

第 2 章　力学中的守恒定律

本章内容与教材第 2 章内容相对应。

2.1　学习要点与重要公式

1. 动力学的基本物理量

（1）功（力的空间积累）

① 元功　　$\mathrm{d}A = \boldsymbol{F} \cdot \mathrm{d}\boldsymbol{r}$

② 总功　　$A = \int_a^b \boldsymbol{F} \cdot \mathrm{d}\boldsymbol{r}$

（2）功率　　$P = \dfrac{\mathrm{d}A}{\mathrm{d}t} = \boldsymbol{F} \cdot \boldsymbol{v}$

（3）动能（运动状态的函数）　　$E_\mathrm{k} = \dfrac{1}{2}mv^2$

（4）势能（位置的函数）

① 重力势能　$E_\mathrm{p} = mgh$，以计算高度的起点为势能零点。

② 引力势能　$E_\mathrm{p} = -G_0 \dfrac{Mm}{r}$，以 M、m 相距无穷远处为势能零点。

③ 弹性势能　$E_\mathrm{p} = \dfrac{1}{2}kx^2$，以弹簧的原长位置为势能零点。

（5）保守力的功与势能的关系

① 保守力的功等于相关势能增量的负值，即

$$A_{ab} = -(E_{\mathrm{p}b} - E_{\mathrm{p}a}) = -\Delta E_\mathrm{p}$$

② 由势能函数求保守力　　$F_x = \dfrac{\mathrm{d}E_\mathrm{p}(x)}{\mathrm{d}x}$

（6）冲量（力的时间积累）　　$\boldsymbol{I} = \int_{t_1}^{t_2} \boldsymbol{F}\mathrm{d}t$

（7）动量（运动状态的函数）　　$\boldsymbol{p} = m\boldsymbol{v}$

（8）角动量（运动状态的函数）　　$\boldsymbol{L} = \boldsymbol{r} \times m\boldsymbol{v}$

2. 动力学的理论体系

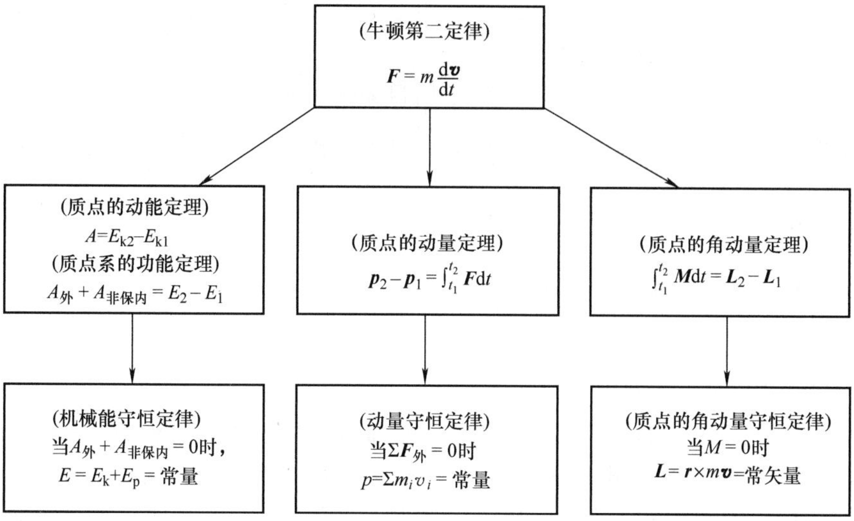

2.2　习题解答

2-1　点同时在几个力作用下的位移为：

$$\Delta\boldsymbol{r}=4\boldsymbol{i}-5\boldsymbol{j}+6\boldsymbol{k}\ (\mathrm{SI})$$

其中一个力为恒力 $\boldsymbol{F}=-3\boldsymbol{i}-5\boldsymbol{j}+9\boldsymbol{k}$ (SI)，则此力在该位移过程中所做的功为

（A） -67J；　　（B） 17J；

（C） 67J；　　（D） 91J。　　[C]

2-2　质量为 m 的一艘宇宙飞船关闭发动机返回地球时，可认为该飞船只在地球的引力场中运动。已知地球质量为 $m_{地}$，引力常量为 G，则当它从距地球中心 R_1 处下降到 R_2 处时，飞船增加的动能应等于：

（A） $\dfrac{Gm_{地}m}{R_2}$；　　（B） $\dfrac{Gm_{地}m}{R_2^2}$；

（C） $Gm_{地}m\dfrac{R_1-R_2}{R_1R_2}$；　　（D） $Gm_{地}m\dfrac{R_1-R_2}{R_1^2}$；

（E） $Gm_{地}m\dfrac{R_1-R_2}{R_1^2R_2^2}$。　　[C]

2-3　质量为 $m=0.5\mathrm{kg}$ 的质点，在 Oxy 坐标平面内运动，其运动方程为 $x=5t$，$y=0.5t^2$ (SI)，从 $t=2\mathrm{s}$ 到 $t=4\mathrm{s}$ 这段时间内，外力对质点做的功为：

（A） 1.5J；　　（B） 3J；

（C） 4.5J；　　（D） -1.5J。　　[B]

2-4　人造地球卫星，绕地球做椭圆轨道运动，地球在椭圆的一个焦点上，则卫星的

（A） 动量不守恒，动能守恒；　　（B） 动量守恒，动能不守恒；

（C） 对地心的角动量守恒，动能不守恒；　（D） 对地心的角动量不守恒，动能守恒。

[C]

2-5　一质量为 m 的物体，原来以速率 v 向北运动，它突然受到外力打击，变为向西运动，速率仍为 v，则外力的冲量大小为__________，方向为__________。

答案：$\sqrt{2}mv$；指向正西南或南偏西 45°

2-6　如习题 2-6 图所示，质量为 m 的小球自高为 y_0 处沿水平方向以速率 v_0 抛出，与地面碰撞后跳起的最大高度为 $\frac{1}{2}y_0$，水平速率为 $\frac{1}{2}v_0$，则碰撞过程中

（1）地面对小球的竖直冲量的大小为________；

（2）地面对小球的水平冲量的大小为________。

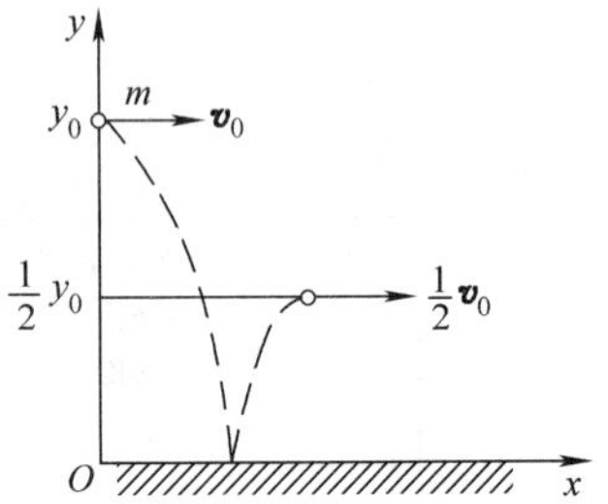

习题 2-6 图

答案：$(1+\sqrt{2})\ m\ \sqrt{gy_0}$；$\frac{1}{2}mv_0$

2-7　有两艘停在湖上的船，它们之间用一根很轻的绳子连接。设第一艘船和人的总质量为 250kg，第二艘船的总质量为 500kg，水的阻力不计。现在站在第一艘船上的人用 $F=50\text{N}$ 的水平力来拉绳子，则 5s 后第一艘船的速度大小为________，第二艘船的速度大小为________。

答案：1m/s；0.5m/s

2-8　设作用在质量为 1kg 的物体上的力 $F=6t+3$（SI），如果物体在这一力的作用下，由静止开始沿直线运动，在 0 到 2.0s 的时间间隔内，这个力作用在物体上的冲量大小 $I=$________。

答案：18N · s

2-9　如习题 2-9 图所示，沿着半径为 R 圆周运动的质点，所受的几个力中有一个是恒力 $\boldsymbol{F}_0$，方向始终沿 x 轴正向，即 $\boldsymbol{F}_0=F_0\boldsymbol{i}$。当质点从 A 点沿逆时针方向走过 3/4 圆周到达 B 点时，力 $\boldsymbol{F}_0$ 所做的功为 $W=$________。

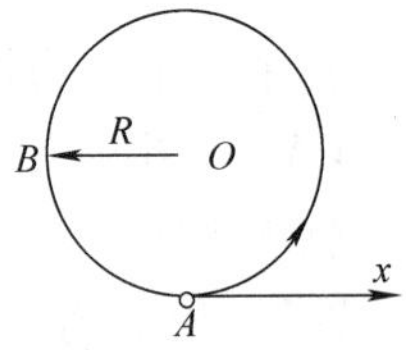

习题 2-9 图

答案：$-F_0R$

2-10　如习题 2-10 图所示，一人造地球卫星绕地球做椭圆运动，近地点为 A，远地点为 B，A、B 两点距地心分别为 r_1、r_2，设卫星质量为 m，地球质量为 m'，引力常量为 G。则卫星在 A、B 两点处的万有引力势能之差 $E_{pB}-E_{pA}=$________，卫星在 A、B 两点的动能之差 $E_{pB}-E_{pA}=$________。

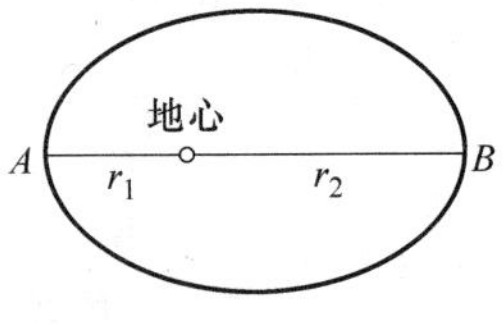

习题 2-10 图

答案：$Gm'm\,\frac{r_2-r_1}{r_1r_2}$；$Gm'm\,\frac{r_1-r_2}{r_1r_2}$

2-11　如习题 2-11 图所示，我国第一颗人造卫星沿椭圆轨道运动，地球的中心 O 为该椭圆的一个焦点. 已知地球半径 $R=6378\text{km}$，卫星与地面的最近距离 $l_1=439\text{km}$，与地面的最远距离 $l_2=2384\text{km}$。若卫星在近地点 A_1 的速度 $v_1=8.1\text{km/s}$，则卫星在远地点 A_2 的速度 $v_2=$________。

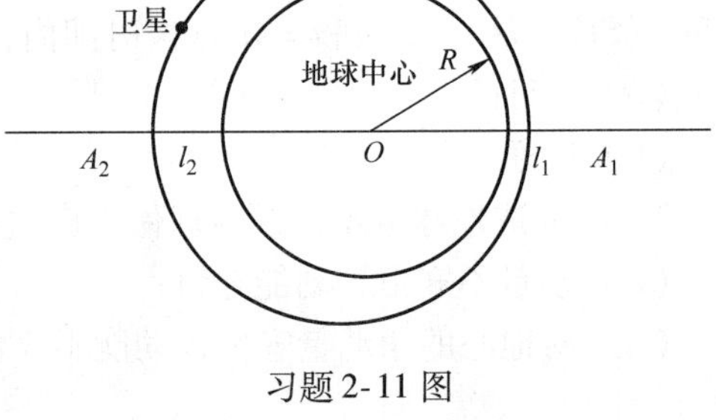

习题 2-11 图

答案：6.3km/s

参考解：

$$mv_1r_1 = mv_2r_2$$

$$r_1 = l_1 + R,\ r_2 = l_2 + R$$

$$v_2 = \frac{r_1}{r_2}v_1 = \frac{l_1+R}{l_2+R}v_1 = 6.3\text{km/s}$$

2-12　如习题 2-12 图所示，x 轴沿水平方向，y 轴竖直向下。在 $t=0$ 时刻将质量为 m 的质点由 a 处静止释放，让它自由下落，则在任意时刻 t，质点所受的对原点 O 的力矩 $\boldsymbol{M}=$ ________，在任意时刻 t，质点对原点 O 的角动量 $\boldsymbol{L}=$ ________。

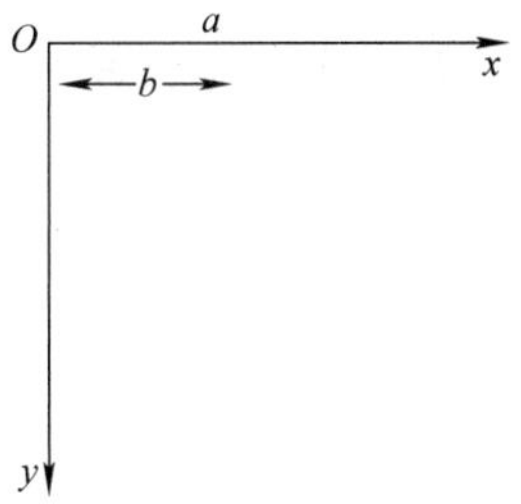

习题 2-12 图

答案：$mgb\boldsymbol{k}$　$mgbt\boldsymbol{k}$

2-13　一质点的运动轨迹如图所示。已知质点的质量为 20g，在 A、B 二位置处的速率都为 20m/s，$\boldsymbol{v}_A$ 与 x 轴成 45°角，$\boldsymbol{v}_B$ 垂直于 y 轴，求质点由 A 点到 B 点这段时间内，作用在质点上外力的总冲量。

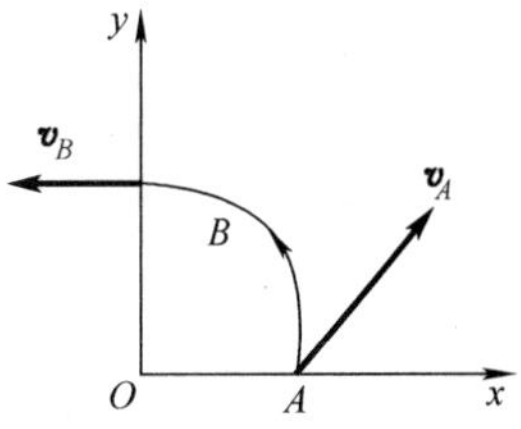

习题 2-13 图

解：如习题 2-13 图所示，由动量定理知质点所受外力的总冲量

$$\boldsymbol{I} = \Delta(m\boldsymbol{v}) = m\boldsymbol{v}_2 - m\boldsymbol{v}_1$$

对由 $A\to B$ 运动过程

$$I_x = mv_{Bx} - mv_{Ax} = -mv_B - mv_A\cos45° = 0.683\text{kg}\cdot\text{m}\cdot\text{s}^{-1}$$

$$I_y = 0 - mv_{Ay} = -mv_A\sin45° = -0.283\text{kg}\cdot\text{m}\cdot\text{s}^{-1}$$

$$I = \sqrt{I_x^2 + I_y^2} = 0.739\text{N}\cdot\text{s}$$

方向：$\tan\theta_1 = I_y/I_x$，$\theta_1 = 202.5°$　（θ_1 为与 x 轴正向夹角）

2-14　如习题 2-14 图所示陨石在距地面高 h 处时速度为 $\boldsymbol{v}_0$，忽略空气阻力，求陨石落地的速度。令地球质量为 m'，半径为 R，引力常量为 G。

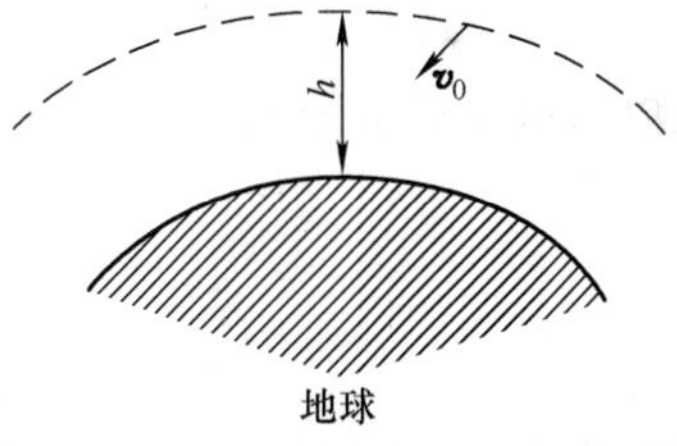

习题 2-14 图

解：陨石落地过程中，万有引力的功

$$W = -Gm'm\int_{R+h}^{R}\frac{\mathrm{d}r}{r^2} = \frac{Gm'mh}{R(R+h)}$$

根据动能定理

$$\frac{Gm'mh}{R(R+h)} = \frac{1}{2}mv^2 - \frac{1}{2}mv_0^2$$

得

$$v = \sqrt{2Gm'\frac{h}{R(R+h)} + v_0^2}$$

（也可用机械能守恒来解）

2-15　一物体按规律 $x=ct^3$ 在流体媒质中做直线运动，式中 c 为常量，t 为时间。设媒质对物体的阻力正比于速度的二次方，阻力系数为 k，试求物体由 $x=0$ 运动到 $x=l$ 时，阻力所做的功。

解：由 $x=ct^3$ 可求物体的速度　$v = \dfrac{\mathrm{d}x}{\mathrm{d}t} = 3ct^2$

物体受到的阻力大小为　$f = kv^2 = 9kc^2t^4 = 9kc^{\frac{2}{3}}x^{\frac{4}{3}}$

力对物体所做的功为

$$W = \int dW = \int_0^l -9kc^{\frac{2}{3}}x^{\frac{4}{3}}dx = \frac{-27kc^{\frac{2}{3}}l^{\frac{7}{3}}}{7}$$

2-16　质量 $m=2\text{kg}$ 的物体沿 x 轴做直线运动，所受合外力 $F=10+6x^2$（SI）。如果在 $x=0$ 处时速度 $v_0=0$，试求该物体运动到 $x=4\text{m}$ 处时速度的大小。

解：用动能定理，对物体

$$\frac{1}{2}mv^2 - 0 = \int_0^4 F\,dx = \int_0^4 (10+6x^2)\,dx$$

$$= 10x + 2x^3 = 168$$

解出

$$v = 13\text{m/s}$$

2-17　如习题 2-17 图所示，水平地面上一辆静止的炮车发射炮弹。炮车质量为 m'，炮身仰角为 α，炮弹质量为 m，炮弹刚出口时，相对于炮身的速度为 u，不计地面摩擦：

（1）求炮弹刚出口时，炮车的反冲速度大小；

（2）若炮筒长为 l，求发炮过程中炮车移动的距离。

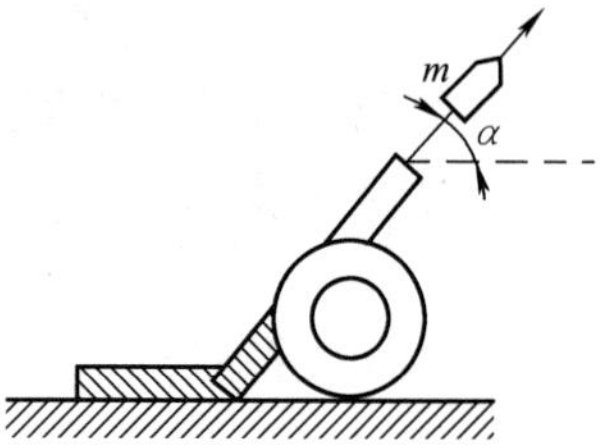

习题 2-17 图

解：（1）以炮弹与炮车为系统，以地面为参考系，水平方向动量守恒，设炮车相对于地面的速率为 v_x，则有

$$m'v_x + m(u\cos\alpha + v_x) = 0$$

$$v_x = -mu\cos\alpha/(m'+m)$$

即炮车向后退。

（2）以 $u(t)$ 表示发炮过程中任一时刻炮弹相对于炮身的速度，则该瞬时炮车的速度应为

$$v_x(t) = -mu(t)\cos\alpha/(m'+m)$$

积分求炮车后退距离

$$\Delta x = \int_0^t v_x(t)\,dt = -m/(m'+m)\int_0^t u(t)\cos\alpha\,dt$$

$$\Delta x = -ml\cos\alpha/(m'+m)$$

即向后退了 $ml\cos\alpha/(m'+m)$ 的距离。

2.3　力学中的守恒定律章节训练

1. 选择题

2-1　质量为 m 的小球在力的作用下，在水平面内做半径为 R，速率为 v 的匀速圆周运动，如选择题 2-1 图所示。小球自 A 点逆时针运动到 B 点的半周内，动量的增量应为：

（A）$2mv\boldsymbol{j}$；　　（B）$-2mv\boldsymbol{j}$；

（C）$2mv\boldsymbol{i}$；　　（D）$-2mv\boldsymbol{i}$。　　[　　]

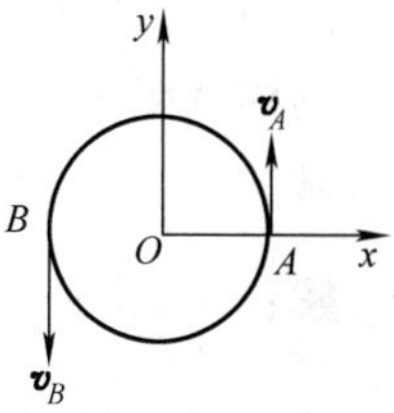

选择题 2-1 图

2-2　一质点在力 $F=5m(5-2t)$ 的作用下，$t=0$ 时从静止开始做直线运动，式中 m 为质点的质量，t 为时间。则当 $t=5\text{s}$ 时，质点的速率为：

(A) 50m/s;　　(B) 25m/s;

(C) 0;　　(D) −50m/s。　　[　　]

2-3　质量为 m 的质点在外力作用下，其运动方程为

$$\boldsymbol{r} = A\cos\omega t\boldsymbol{i} + B\sin\omega t\boldsymbol{j}$$

式中，A、B、ω 都是正的常数，则力在 $t_1 = 0$ 到 $t_2 = \pi/(2\omega)$ 这段时间内所做的功为:

(A) $m\omega^2(A^2 + B^2)/2$;　　(B) $m\omega^2(A^2 + B^2)$;

(C) $m\omega^2(A^2 - B^2)/2$;　　(D) $m\omega^2(B^2 - A^2)/2$。　　[　　]

2-4　质量分别为 m_1 和 m_2 的两个小球，连接在劲度系数为 k 的轻弹簧两端，并置于光滑的水平面上。如选择题 2-2 图所示。今以等值反向的水平力 F_1、F_2 分别同时作用于两个小球上，若把两小球和弹簧看作一个系统，则系统在运动过程中:

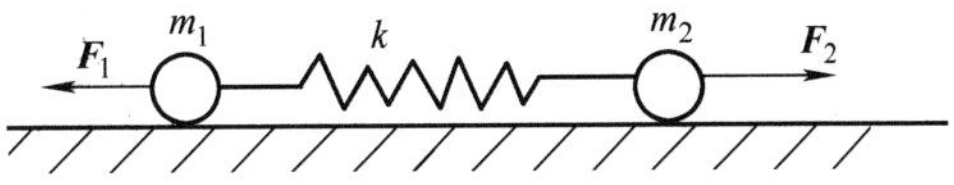

选择题 2-2 图

(A) 动量守恒，机械能守恒;　　(B) 动量守恒，机械能不守恒;

(C) 动量不守恒，机械能守恒;　　(D) 动量不守恒，机械能也不守恒。　　[　　]

2-5　体重相同的甲乙两人，分别用双手握住跨过无摩擦滑轮的绳子两端。当它们由同一高度向上爬时，相对绳子，甲是乙的速率的两倍，则到达顶点的情况是:

(A) 甲先到达;　　(B) 乙先到达;

(C) 同时到达;　　(D) 不能确定。　　[　　]

2. 填空题

2-1　一质量为 m 的物体，以初速 v_0 从地面抛出，抛射角 $\theta = 30°$，如忽略空气阻力，则从抛出到刚要接触地面的过程中:

(1) 物体动量增量的大小为________;

(2) 物体动量增量的方向为________。

2-2　一质点在二恒力作用下，位移为 $\Delta\boldsymbol{r} = 3\boldsymbol{i} + 8\boldsymbol{j}$ (SI)，在此过程中，动能增量为 24J，已知其中一恒力 $\boldsymbol{F}_1 = 12\boldsymbol{i} - 3\boldsymbol{j}$ (SI)，则另一恒力所做的功为______________。

2-3　一个质量为 m 的质点，仅受到力 $\boldsymbol{F} = k\dfrac{1}{r^2}\boldsymbol{e}_r$ 的作用，式中 k 为常数，$\boldsymbol{r}$ 为从某一定点到质点的矢径，该质点在 $r = r_0$ 处被释放，由静止开始运动，则当它到达无穷远时的速率为________。

2-4　有一质量 $m = 0.5$kg 的质点，在 xOy 平面内运动，其运动方程为 $x = 2t + 2t^2$，$y = 3t$，在时间 $t = 1$s 至 $t = 3$s 这段时间内，外力对质点所做的功是________。

2-5　系统动量守恒的条件为____________，系统机械能守恒的条件为____________。

2-6　某质点在力 $\boldsymbol{F} = (4 + 5x)\boldsymbol{i}$ (SI) 的作用下沿 x 轴做直线运动，在从 $x = 0$ 移动到 $x = 10$m 的过程中，力 $\boldsymbol{F}$ 所做的功为________。

3. 计算题

2-1　一人从 10m 深的井中提水。起始时桶中装有 10kg 的水，桶的质量为 1kg，由于水桶漏水，每升高 1m 要漏去 0.2kg 的水。求水桶匀速地从井中提到井口，人所做的功。

2-2　传送机通过滑道将长为 L，质量为 m 的柔软匀质物体以初速 v_0 向右送上水平台面，物体前端在台面上滑动 s 距离后停下来，如计算题 2-2 图所示。已知滑道上的摩擦可不计，物与台面间的摩擦因数为 μ，而且 $s>L$，试计算物体的初速度 v_0。

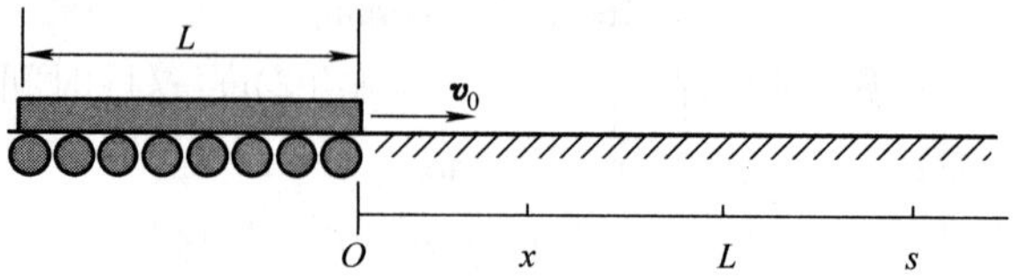

计算题 2-2 图

第 3 章　刚体力学基础

本章内容与教材第 3 章内容相对应。

3.1　学习要点与重要公式

1. 刚体运动学

刚体的复杂运动可分解为：平动 + 转动。

平动刚体（称为质点）→归结为质点力学问题。

转动刚体→$\begin{cases}\text{已知转动的运动方程：}\theta=\theta(t)\text{，求 }\omega\text{ 和 }\beta\rightarrow\text{采用求导的方法。}\\ \text{已知 }\omega\text{ 或 }\beta\text{，求转动的运动方程}\rightarrow\text{采用积分的方法。}\end{cases}$

2. 刚体力学的基本物理量

（1）力矩　当力在转动平面时，力对轴心的力矩与力对点的力矩在表达式上相同，即

$$\boldsymbol{M}=\boldsymbol{r}\times\boldsymbol{F}$$

（2）转动惯量　$J=mr^2$（单个质点）

$$J=\sum_{i=1}^{n}\Delta m_i r_i^2\text{（质点系）}$$

$$J=\int r^2\mathrm{d}m\text{（质量连续分布物体）}$$

（3）力矩的功

① 元功　$\mathrm{d}A=M\mathrm{d}\theta$

② 总功　$A=\int_{\theta_1}^{\theta_2}M\mathrm{d}\theta$

（4）力矩的功率　$P=M\omega$

（5）转动动能　$E_\mathrm{k}=\frac{1}{2}J\omega^2$

（6）刚体的重力势能　$E_\mathrm{p}=mgz_C$

式中，z_C为刚体质心离势能零点的高度。

（7）冲量矩　$\int_{t_1}^{t_2}M\mathrm{d}t$

（8）刚体的角动量　$L=J\omega$

3. 刚体定轴转动动力学的理论体系

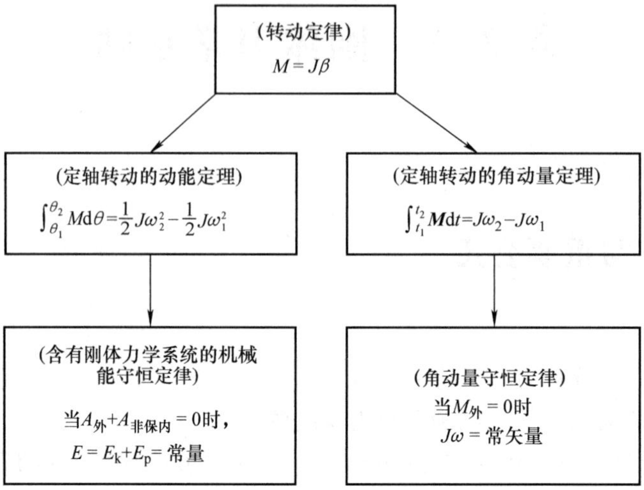

3.2　习题解答

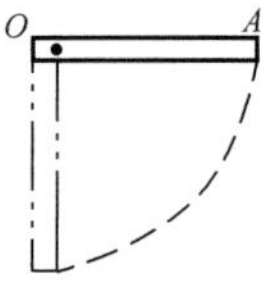

习题 3-1 图

3-1　均匀细棒 OA 可绕通过其一端 O 而与棒垂直的水平固定光滑轴转动，如习题 3-1 图所示。今使棒从水平位置由静止开始自由下落，在棒摆动到竖直位置的过程中，下述说法哪一种是正确的？

（A）角速度从小到大，角加速度从大到小；

（B）角速度从小到大，角加速度从小到大；

（C）角速度从大到小，角加速度从大到小；

（D）角速度从大到小，角加速度从小到大。　[A]

3-2　关于刚体对轴的转动惯量，下列说法中正确的是：

（A）只取决于刚体的质量，与质量的空间分布和轴的位置无关；

（B）取决于刚体的质量和质量的空间分布，与轴的位置无关；

（C）取决于刚体的质量、质量的空间分布和轴的位置；

（D）只取决于转轴的位置，与刚体的质量和质量的空间分布无关。　[C]

3-3　花样滑冰运动员绕通过自身的竖直轴转动，开始时两臂伸开，转动惯量为 J_0，角速度为 ω_0，然后她将两臂收回，使转动惯量减少为$\frac{1}{3}J_0$；这时她转动的角速度变为

（A）$\frac{1}{3}\omega_0$；　（B）$(1/\sqrt{3})\omega_0$；

（C）$\sqrt{3}\omega_0$；　（D）$3\omega_0$。　[D]

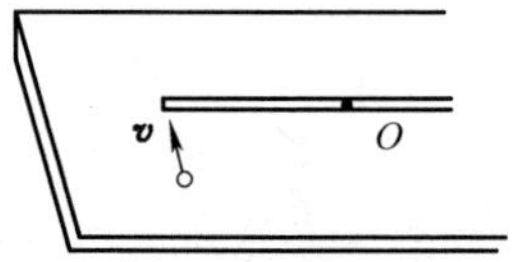

习题 3-4 图

3-4　如习题 3-4 图所示，光滑的水平桌面上有长为 $2l$、质量为 m 的匀质细杆，可绕通过其中点 O 且垂直于桌面的竖直固定轴自由转动，转动惯量为$\frac{1}{3}ml^2$，起初杆静止。有一质量为 m 的小球

在桌面上正对着杆的一端，在垂直于杆长的方向上，以速率 v 运动，如图所示。当小球与杆端发生碰撞后，就与杆粘在一起随杆转动。则这一系统碰撞后的转动角速度是［ C ］

(A) $\frac{lv}{12}$；　　(B) $\frac{2v}{3l}$；

(C) $\frac{3v}{4l}$；　　(D) $\frac{3v}{l}$。

3-5　如习题 3-5 图所示，一匀质细杆可绕通过上端与杆垂直的水平光滑固定轴 O 旋转，初始状态为静止悬挂。现有一个小球自左方水平打击细杆。设小球与细杆之间为非弹性碰撞，则在碰撞过程中对细杆与小球这一系统：

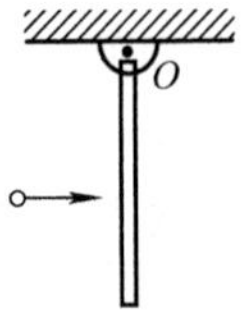

习题 3-5 图

(A) 只有机械能守恒；

(B) 只有动量守恒；

(C) 只有对转轴 O 的角动量守恒；

(D) 机械能、动量和角动量均守恒。［ C ］

3-6　利用带传动，用电动机拖动一个真空泵。电动机上装一半径为 0.1m 的轮子，真空泵上装一半径为 0.29m 的轮子，如习题 3-6 图所示。如果电动机的转速为 1450r/min。求：(1) 真空泵上的轮子的边缘上一点的线速度；(2) 真空泵的转速 n_2。

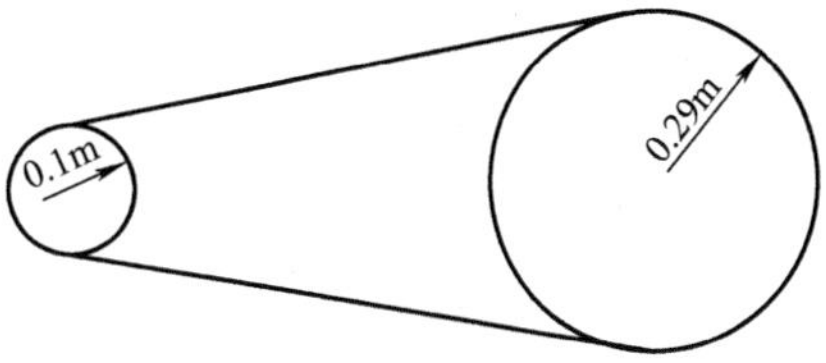

习题 3-6 图

解：(1) 带传动的特点是两轮的线速度相同，由电动机的转速 1450r/min，可得其角速度为：$\omega_1=\frac{1450\times 2\pi}{60}\approx 152\text{rad/s}$

则该电动机轮子边缘的线速度为

$$v\approx 15.2\text{m/s}$$

故真空泵轮子边缘上一点的线速度也为

$$v\approx 15.2\text{m/s}$$

(2) 因为带传动的另一特点为：角速度或转速与半径成反比，则真空泵的转速 $n_2=500\text{r/min}$

3-7　如习题 3-7 图所示，质量为 20kg、边长为 1m 的均匀立方物体，放在水平地面上。有一拉力 F 作用在该物体一顶边的中点，且与包含该顶边的物体侧面垂直，如图所示。地面极粗糙，物体不可能滑动。若要使该立方体翻转 90°，则拉力 F 不能小于________。

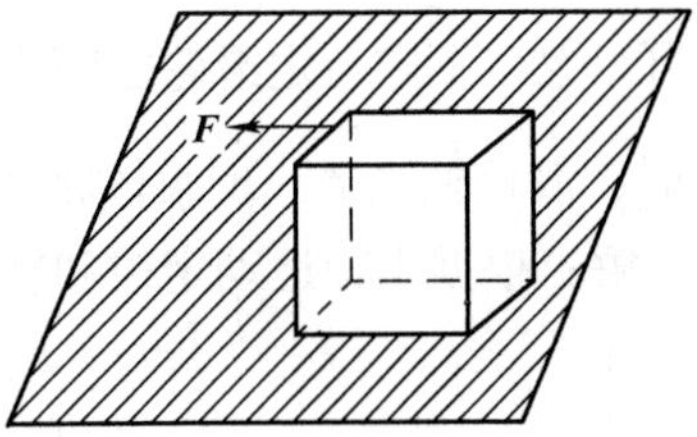

习题 3-7 图

答案：98N

3-8　一个以恒定角加速度转动的圆盘，如果在某一时刻的角速度为 $\omega_1=20\pi\text{rad/s}$，再转 60 转后角速度为 $\omega_2=30\pi\text{rad/s}$，则：(1) 角加速度 β；(2) 转过上述 60 转所需的时间 Δt。

解：由题意可知：ω_1、ω_2和转过的角位移 θ。

(1) 在匀加速转动中，由公式 $\omega_2^2-\omega_1^2=2\beta\theta$

可得该圆盘的角加速度为 $\beta = 6.54\text{rad/s}^2$

（2）由公式 $\omega_2 = \omega_1 + \beta \cdot \Delta t$，得：$\Delta t = 4.8\text{s}$

3-9　决定刚体转动惯量的因素________________________________。

答案：刚体的质量和质量分布以及转轴的位置（或刚体的形状、大小、密度分布和转轴位置；或刚体的质量分布及转轴的位置）。

3-10　一长为 l，质量可以忽略的直杆，可绕通过其一端的水平光滑轴在竖直平面内做定轴转动，在杆的另一端固定着一质量为 m 的小球，如习题 3-10 图所示。现将杆由水平位置无初转速地释放，则杆刚被释放时的角加速度 $\beta_0 =$________，杆与水平方向夹角为 60° 时的角加速度 $\beta =$________。

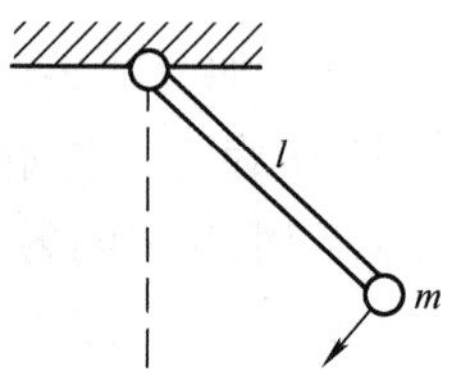

习题 3-10 图

答案：g/l；$g/(2l)$

3-11　一长为 l、质量可以忽略的直杆，两端分别固定有质量为 $2m$ 和 m 的小球，杆可绕通过其中心 O 且与杆垂直的水平光滑固定轴在铅直平面内转动。开始杆与水平方向成某一角度 θ，处于静止状态，如习题 3-11 图所示。释放后，杆绕 O 轴转动，则当杆转到水平位置时，该系统所受到的合外力矩的大小 $M =$____________________，此时该系统角加速度的大小 $\beta =$____________。

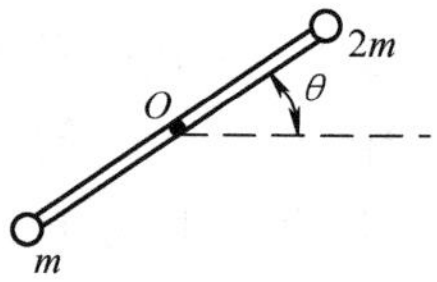

习题 3-11 图

答案：$\frac{1}{2}mgl$；$2g/(3l)$

3-12　一飞轮以 600r/min 的转速旋转，转动惯量为 $2.5\text{kg} \cdot \text{m}^2$，现加一恒定的制动力矩使飞轮在 1s 内停止转动，则该恒定制动力矩的大小 $M =$________。

答案：157N · m

3-13　一飞轮以角速度 ω_0 绕光滑固定轴旋转，飞轮对轴的转动惯量为 J_1；另一静止飞轮突然和上述转动的飞轮啮合，绕同一转轴转动，该飞轮对轴的转动惯量为前者的二倍。啮合后整个系统的角速度 =________________。

答案：$\frac{1}{3}\omega_0$

3-14　如习题 3-14 图所示，一个质量为 m 的物体与绕在定滑轮上的绳子相连，绳子质量可以忽略，它与定滑轮之间无滑动。假设定滑轮质量为 m'、半径为 R，其转动惯量为 $\frac{1}{2}m'R^2$，滑轮轴光滑。试求该物体由静止开始下落的过程中，下落速度与时间的关系。

解：根据牛顿运动定律和转动定律列方程

对物体　$mg - F_T = ma$　①

对滑轮　$F_T R = J$　②

运动学关系　$a = R$　③

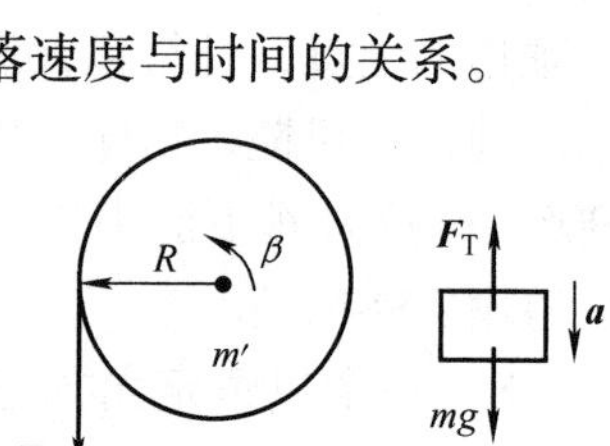

习题 3-14 图

将①、②、③式联立得

$$a = mg \bigg/ \left(m + \frac{1}{2}m'\right)$$

因为　$v_0 = 0$

所以 $v = at = mgt/\left(m + \frac{1}{2}m'\right)$

3-15 一质量 $m = 6.00\text{kg}$、长 $l = 1.00\text{m}$ 的匀质棒，放在水平桌面上，可绕通过其中心的竖直固定轴转动，对轴的转动惯量 $J = ml^2/12$。$t = 0$ 时棒的角速度 $\omega_0 = 10.0\text{rad} \cdot \text{s}^{-1}$。由于受到恒定的阻力矩的作用，$t = 20\text{s}$ 时，棒停止运动。求：

（1）棒的角加速度的大小；

（2）棒所受阻力矩的大小；

（3）从 $t = 0$ 到 $t = 10\text{s}$ 时间内棒转过的角度。

解：（1）$0 = \omega_0 + \beta t$

$$\beta = -\omega_0/t = -0.50\text{rad} \cdot \text{s}^{-2}$$

（2）$M_r = \beta ml^2/12 = -0.25\text{N} \cdot \text{m}$

（3）$\theta_{10} = \omega_0 t + \frac{1}{2}\beta t^2 = 75\text{rad}$

3-16 如习题 3-16 图所示，质量为 5kg 的一桶水悬于绕在辘轳上的轻绳的下端，辘轳可视为一质量为 10kg 的圆柱体。桶从井口由静止释放，求桶下落过程中绳中的张力。辘轳绕轴转动时的转动惯量为 $\frac{1}{2}m'R^2$，其中 m' 和 R 分别为辘轳的质量和半径，轴上摩擦忽略不计。

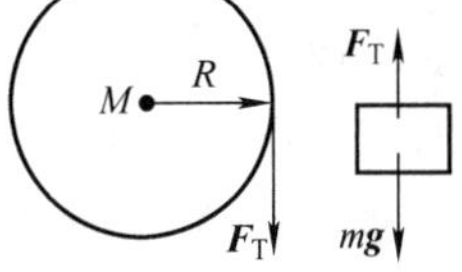

习题 3-16 图

解：对水桶和圆柱形辘轳分别用牛顿运动定律和转动定律列方程

$$mg - F_T = ma \quad ①$$

$$F_T R = J \quad ②$$

$$a = R \quad ③$$

由此可得 $F_T = m(g - a) = m[g - (F_T R/J)]$

那么 $$F_T\left(1 + \frac{mR^2}{J}\right) = mg$$

将 $J = \frac{1}{2}m'R^2$ 代入上式，得

$$F_T = \frac{mm'g}{m' + 2m} = 24.5\text{N}$$

3-17 一根放在水平光滑桌面上的匀质棒，可绕通过其一端的竖直固定光滑轴 O 转动。棒的质量为 $m = 1.5\text{kg}$，长度为 $l = 1.0\text{m}$，对轴的转动惯量为 $J = \frac{1}{3}ml^2$，初始时棒静止。今有一水平运动的子弹垂直地射入棒的另一端，并留在棒中，如习题 3-17 图所示。子弹的质量为 $m' = 0.020\text{kg}$，速率为 $v = 400\text{m} \cdot \text{s}^{-1}$。试问：

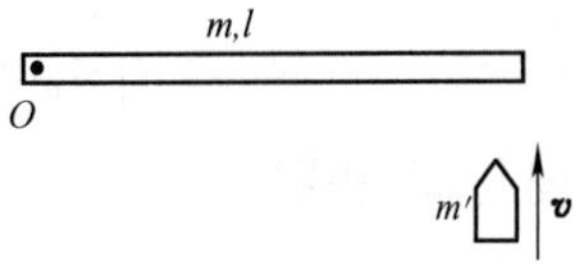

习题 3-17 图

（1）棒开始和子弹一起转动时角速度有多大？

（2）若棒转动时受到大小为 $M_r = 4.0\text{N} \cdot \text{m}$ 的恒定阻力矩作用，棒能转过多大的角度？

解：（1）角动量守恒

$$m'vl=\left(\frac{1}{3}ml^2+m'l^2\right)\omega$$

所以
$$\omega=\frac{m'v}{\left(\frac{1}{3}m+m'\right)l}=15.4\text{rad}\cdot\text{s}^{-1}$$

（2）
$$-M_r=\left(\frac{1}{3}ml^2+m'l^2\right)\beta$$

$$0-\omega^2=2\beta\theta$$

所以
$$\theta=\frac{\left(\frac{1}{3}m+m'\right)l^2\omega^2}{2M_r}=15.4\text{rad}$$

3-18　如习题3-18图所示，A和B两飞轮的轴杆在同一中心线上，设两轮的转动惯量分别为 $J=10\text{kg}\cdot\text{m}^2$ 和 $J=20\text{kg}\cdot\text{m}^2$。开始时，A轮转速为600r/min，B轮静止。C为摩擦啮合器，其转动惯量可忽略不计。A、B分别与C的左、右两个组件相连，当C的左右组件啮合时，B轮得到加速而A轮减速，直到两轮的转速相等为止。设轴光滑，求：

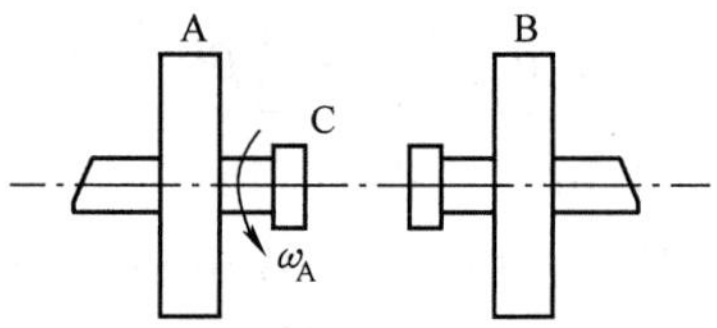

习题3-18图

（1）两轮啮合后的转速 n；

（2）两轮各自所受的冲量矩。

解：（1）选择A、B两轮为系统，啮合过程中只有内力矩作用，故系统角动量守恒

$$J_A\omega_A+J_B\omega_B=(J_A+J_B)\omega\qquad 2\text{分}$$

又，$\omega_B=0$ 得

$$\omega\approx J_A\omega_A/(J_A+J_B)=20.9\text{rad/s}$$

转速

$$n\approx 200\text{r/min}\qquad 1\text{分}$$

（2）A轮受的冲量矩

$$\int M_A\text{d}t=J_A(J_A+J_B)=-4.19\times10^{2}\text{N}\cdot\text{m}\cdot\text{s}\quad 2\text{分}$$

负号表示与 ω_A 方向相反。

B轮受的冲量矩

$$\int M_B\text{d}t=J_B(\omega-0)=4.19\times10^2\text{N}\cdot\text{m}\cdot\text{s}\quad 2\text{分}$$

方向与 ω_A 相同。

3.3　刚体力学基础章节训练

1. 选择题

3-1　刚体定轴转动，当它的角加速度很大时，作用在刚体上的：　　[　　]

（A）力一定很大；　　　　（B）力矩一定很大；

（C）力矩可以为零；　　（D）无法确定。

3-2　假设卫星环绕地球中心做椭圆运动，则在运动过程中卫星对地球中心的：

（A）动量不守恒，角动量守恒；　　（B）动量不守恒，角动量不守恒；

（C）动量守恒，角动量不守恒；　　（D）动量守恒，角动量守恒。　　[　　]

3-3　刚体角动量守恒的充分而必要的条件是：

（A）刚体不受外力矩的作用；　　（B）刚体所受合外力矩为零；

（C）刚体所受的合外力和合外力矩均为零；（D）刚体的转动惯量和角速度均保持不变。　　[　　]

3-4　一小平圆盘可绕通过其中心的固定铅直轴转动，盘上站着一个人，把人和圆盘取作系统，当此人在盘上随意走动时，若忽略轴的摩擦，则此系统：

（A）动量守恒；　　（B）机械能守恒；

（C）对转轴的角动量守恒；　　（D）动量、机械能和角动量都守恒；

（E）动量、机械能和角动量都不守恒。　　[　　]

3-5　一个物体正在绕固定的光滑轴自由转动，则：　　[　　]

（A）它受热或遇冷伸缩时，角速度不变；

（B）它受热时角速度变大，遇冷时角速度变小；

（C）它受热或遇冷伸缩时，角速度均变大；

（D）它受热时角速度变小，遇冷时角速度变大。

2. 填空题

3-1　刚体绕定轴转动时，刚体的角加速度与它所受的合外力矩成________，与刚体本身的转动惯量成________。（填“正比”或“反比”）

3-2　某人站在匀速旋转的圆台中央，两手各握一个哑铃，双臂向两侧平伸与平台一起旋转。当他把哑铃收到胸前时，人、哑铃和平台组成的系统转动角速度应变________；转动惯量变________。（填“大”或“小”）

3-3　半径为 $r = 1.5\text{m}$ 的飞轮，初角速度 $\omega_0 = 10\text{rad} \cdot \text{s}^{-1}$，角加速度 $\beta = -5\text{rad} \cdot \text{s}^{-2}$，则 $t =$ ________时角位移为零，而此时边缘上点的线速度 $v =$ ________。

3-4　一个匀质圆盘由静止开始以恒定角加速度绕过中心且垂直于盘面的轴转动，在某一时刻转速为 10r/s，再转 60 圈后转速变为 15r/s，则由静止达到 10r/s 所需时间 $t =$ ________；由静止到 10r/s 时圆盘所转的圈数 $N =$ ________。

3. 计算题

3-1　如计算题 3-1 图所示：长为 L 的匀质细杆，质量为 m 可绕过其端点的水平轴在竖直平面内自由转动。如果将细杆置与水平位置，然后让其由静止开始自由下摆。求：（1）开始转动的瞬间，细杆的角加速度为多少？（2）细杆转动到竖直位置时角速度为多少？

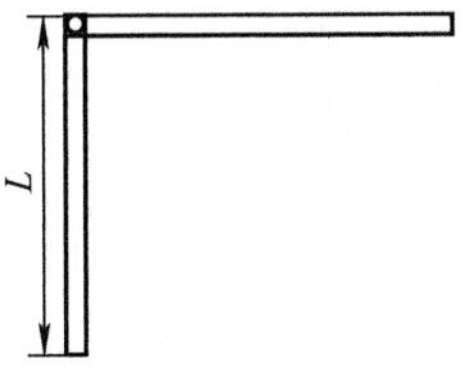

计算题 3-1 图

3-2　如计算题3-2图，均质细棒长为 l，质量为 m，转动惯量 $J=\frac{1}{3}ml^2$，和一质量也为 m 的小球牢固地连在杆的一端，可绕过杆的另一端的水平轴转动。在忽略转轴处摩擦的情况下，使杆自水平位置由静止状态开始自由转下，试求：（1）当杆与水平线成 θ 角时，刚体的角加速度；（2）当杆转到竖直线位置时，刚体的角速度，小球的线速度。

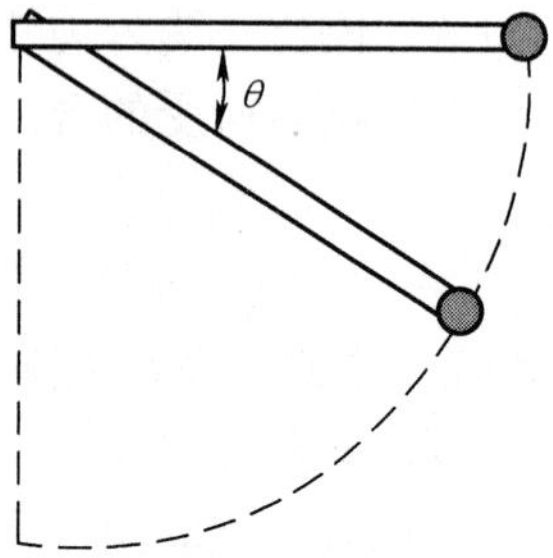

计算题3-2图

第 4 章　狭义相对论

本章内容与教材第 4 章内容相对应。

4.1　学习要点与重要公式

1. 狭义相对论的基本原理

（1）相对性原理　在所有惯性系中，物理定律具有相同的数学形式。

（2）光速不变原理　在所有惯性系中，光在真空中的速度均为 c，与光源、观察者的运动无关。

2. 洛伦兹变换

（1）坐标变换式 $\begin{cases} x' = \dfrac{x - ut}{\sqrt{1 - u^2/c^2}} \\ y' = y \\ z' = z \\ t' = \dfrac{t - \dfrac{u}{c^2}x}{\sqrt{1 - u^2/c^2}} \end{cases}$　$\begin{cases} x = \dfrac{x' + ut'}{\sqrt{1 - u^2/c^2}} \\ y = y' \\ z = z' \\ t = \dfrac{t' + \dfrac{u}{c^2}x'}{\sqrt{1 - u^2/c^2}} \end{cases}$

式中，（x'，y'，z'，t'）为事件相对于惯性系 S′ 的时空坐标，（x，y，z，t）为事件相对于惯性系 S 的时空坐标，u 为两惯性系之间的相对运动速度。当 $u \ll c$ 时，洛伦兹坐标变换就变成了伽利略坐标变换。

（2）速度变换式 $\begin{cases} v'_x = \dfrac{v_x - u}{1 - \dfrac{uv_x}{c^2}} \\ v'_y = \dfrac{v_y\sqrt{1 - u^2/c^2}}{1 - \dfrac{uv_x}{c^2}} \\ v'_z = \dfrac{v_z\sqrt{1 - u^2/c^2}}{1 - \dfrac{uv_x}{c^2}} \end{cases}$　$\begin{cases} v_x = \dfrac{v'_x + u}{1 + \dfrac{uv'_x}{c^2}} \\ v_y = \dfrac{v'_y\sqrt{1 - u^2/c^2}}{1 + \dfrac{uv'_x}{c^2}} \\ v_z = \dfrac{v'_z\sqrt{1 - u^2/c^2}}{1 + \dfrac{uv'_x}{c^2}} \end{cases}$

式中，（v'_x，v'_y，v'_z）为事件相对于惯性系 S′的速度坐标；（v_x，v_y，v_z）为事件相对于惯性系 S 的速度坐标。当 $u \ll c$ 时，洛伦兹速度变换就变成了伽利略速度变换。

3. 狭义相对论的时空观

（1）同时具有相对性　一个惯性系中同时发生的事件，在另一个惯性系中可能是不同时的。

（2）长度缩短

$$l = l_0\sqrt{1 - u^2/c^2}\ (l_0 为固有长度)$$

与物体做相对运动的观察者测得的物体长度（称为运动物体的长度）小于与物体相对静止的观察者所测得的物体长度（称为物体的固有长度）。

（3）时间延缓

$$\Delta t = \frac{\Delta t_0}{\sqrt{1 - u^2/c^2}}\ (\Delta t_0 为固有时间)$$

与物体做相对运动的观察者测得的时间比与物体相对静止的观察者所测得的时间（固有时间）要长。

4. 相对论动力学基础

（1）基本物理量

① 相对论质量

$$m = \frac{m_0}{\sqrt{1 - v^2/c^2}}(质速关系)$$

② 相对论动量

$$p = mv = \frac{m_0 v}{\sqrt{1 - u^2/c^2}}$$

③ 相对论能量
$$\begin{cases} 总能量 \quad E = mc^2\ (质能关系) \\ 静能 \quad E_0 = m_0 c^2 \\ 动能 \quad E_k = mc^2 - m_0 c^2 \end{cases}$$

④ 相对论动量与能量关系

$$E^2 = E_0^2 + p^2 c^2$$

（2）基本定律

$$\boldsymbol{F} = \frac{\mathrm{d}\boldsymbol{p}}{\mathrm{d}t} = m\frac{\mathrm{d}\boldsymbol{v}}{\mathrm{d}t} + \boldsymbol{v}\frac{\mathrm{d}m}{\mathrm{d}t} = m\boldsymbol{a} + \boldsymbol{v}\frac{\mathrm{d}m}{\mathrm{d}t}$$

可见，在高速情况下，力 $\boldsymbol{F}$ 与加速度 $\boldsymbol{a}$ 并不成正比，且 $\boldsymbol{F}$ 与 $\boldsymbol{a}$ 方向可以不一致。

4.2 习题解答

4-1 在狭义相对论中，下列说法中哪些是正确的。

（1）一切运动物体相对于观察者的速度都不能大于真空中的光速；

（2）质量、长度、时间的测量结果都是随物体与观察者的相对运动状态而改变的；

（3）在一惯性系中发生于同一时刻，不同地点的两个事件在其他一切惯性系中也是同时发生的；

（4）惯性系中的观察者观察一个与他做匀速相对运动的时钟时，会看到这时钟比与他相对静止的相同的时钟走得慢些。

（A）（1）（3）（4）； （B）（1）（2）（4）；

（C）（1）（2）（3）； （D）（2）（3）（4）。 [B]

4-2 在某地发生两件事，静止位于该地的甲测得时间间隔为 4s，若相对于甲做匀速直

线运动的乙测得时间间隔为 5s，则乙相对于甲的运动速度是：（c 表示真空中光速）

（A）$(4/5)c$；　　（B）$(3/5)c$；

（C）$(2/5)c$；　　（D）$(1/5)c$。　　[B]

4-3　（1）对某观察者来说，发生在某惯性系中同一地点、同一时刻的两个事件，对于相对该惯性系做匀速直线运动的其他惯性系中的观察者来说，它们是否同时发生？

（2）在某惯性系中发生于同一时刻、不同地点的两个事件，它们在其他惯性系中是否同时发生？

关于上述两个问题的正确答案是：

（A）（1）同时，（2）不同时；

（B）（1）不同时，（2）同时；

（C）（1）同时，（2）同时；

（D）（1）不同时，（2）不同时。　　[A]

4-4　一宇航员要到离地球为 5 光年的星球去旅行。如果宇航员希望把这路程缩短为 3 光年，则他所乘的火箭相对于地球的速度应是：（c 表示真空中光速）

（A）$v=(1/2)c$；　　（B）$v=(3/5)c$；

（C）$v=(4/5)c$；　　（D）$v=(9/10)c$。　　[C]

4-5　设某微观粒子的总能量是它的静止能量的 K 倍，则其运动速度的大小为：（以 c 表示真空中的光速）

（A）$\dfrac{c}{K-1}$；　　（B）$\dfrac{c}{K}\sqrt{1-K^2}$；

（C）$\dfrac{c}{K}\sqrt{K^2-1}$；　　（D）$\dfrac{c}{K+1}\sqrt{K(K+2)}$。　　[C]

4-6　某核电站年发电量为 100 亿 kW · h，它等于 36×10^{15} J 的能量，如果这是由核材料的全部静止能转化产生的，则需要消耗的核材料的质量为：

（A）0.4kg；　　（B）0.8kg；

（C）$(1/12)\times10^7$kg；　　（D）12×10^7 kg。　　[A]

4-7　狭义相对论的两条基本原理中，相对性原理说的是＿＿＿＿＿＿；光速不变原理说的是＿＿＿＿＿＿＿＿。

答案：一切彼此相对做匀速直线运动的惯性系对于物理学定律都是等价的；一切惯性系中，真空中的光速都是相等的。

4-8　π^+ 介子是不稳定的粒子，在它自己的参照系中测得平均寿命是 2.6×10^{-8}s，如果它相对于实验室以 0.8c（c 为真空中光速）的速率运动，那么实验室坐标系中测得的 π^+ 介子的寿命是＿＿＿＿＿＿ s。

答案：4.33×10^{-8}

4-9　一观察者测得一沿米尺长度方向匀速运动着的米尺的长度为 0.5m。则此米尺以速度 $v=$＿＿＿＿＿＿ $\mathrm{m\cdot s^{-1}}$接近观察者。

答案：2.60×10^8

4-10　μ 子是一种基本粒子，在相对于 μ 子静止的坐标系中测得其寿命为 $\tau_0=2\times10^{-6}$ s。如果 μ 子相对于地球的速度为 $v=0.988c$（c 为真空中光速），则在地球坐标系中测出的 μ 子的

寿命 = ________。

答案：1.29×10^{-5}s

4-11　观察者 A 测得与他相对静止的 Oxy 平面上一个圆的面积是 12cm^2，另一观察者 B 相对于 A 以 0.8 c（c 为真空中光速）平行于 Oxy 平面做匀速直线运动，B 测得这一图形为一椭圆，其面积是多少？

解：由于 B 相对于 A 以 $v=0.8c$ 匀速运动，因此，B 观测此图形时与 $\boldsymbol{v}$ 平行方向上的线度将收缩为 $2R\sqrt{1-(v/c)^2}=2b$，即是椭圆的短轴。

而与 $\boldsymbol{v}$ 垂直方向上的线度不变，仍为 $2R=2a$，即是椭圆的长轴。所以测得的面积为（椭圆形面积）

$$S=\pi ab=\pi R\sqrt{1-(v/c)^2}\cdot R=\pi R^2\sqrt{1-(v/c)^2}=7.2\text{cm}^2$$

4-12　在惯性系 S 中，有两事件发生于同一地点，且第二事件比第一事件晚发生 $t=2\text{s}$；而在另一惯性系 S′中，观测第二事件比第一事件晚发生 $t'=3\text{s}$。那么在 S′系中发生两事件的地点之间的距离是多少？

解：令 S′系与 S 系的相对速度为 v，有

$$\Delta t'=\frac{\Delta t}{\sqrt{1-(v/c)^2}},\qquad (\Delta t/\Delta t')^2=1-(v/c)^2$$

则

$$v=c\cdot(1-(\Delta t/\Delta t')^2)^{1/2}\qquad (=2.24\times10^8\text{m}\cdot\text{s}^{-1})$$

那么，在 S′系中测得两事件之间距离为

$$\Delta x'=v\cdot\Delta t'=c(\Delta t'^2-\Delta t^2)^{1/2}=6.72\times10^8\text{m}$$

4.3　狭义相对论章节训练

1. 选择题

4-1　一火箭的固有长度为 L，相对于地面做匀速直线运动的速度为 v_1，火箭上有一个人从火箭的后端向火箭前端上的靶子发射一颗相对于火箭的速度为 v_2 的子弹，在火箭上测得子弹从射出到击中靶的时间间隔是：［　　］

（A）$\dfrac{L}{v_1+v_2}$；　（B）$\dfrac{L}{v_2}$；　（C）$\dfrac{L}{v_1-v_2}$；　（D）$\dfrac{L}{v_1\sqrt{1-(v_1/c)^2}}$。

4-2　宇宙飞船相对于地面以速度 v 做匀速直线运动，某一时刻飞船头部的宇航员向飞船尾部发出一个光讯号，经过 Δt（飞船上的钟）时间后，被尾部的接收器收到，则由此可知飞船的固有长度为：［　　］

（A）$c\cdot\Delta t$；　（B）$v\cdot\Delta t$；　（C）$c\cdot\Delta t\cdot\sqrt{1-(v/c)^2}$；　（D）$\dfrac{c\cdot\Delta t}{\sqrt{1-(v/c)^2}}$

4-3　边长为 a 的正方形薄板静止于惯性系 K 的 xOy 平面内，且两边分别与 x 轴、y 轴平行，今有惯性系 K′以 $0.8c$（c 为真空中光速）的速度相对于 K 系沿 x 轴做匀速直线运动，则从 K′系测得薄板的面积为：［　　］

（A）a^2；　（B）$0.6a^2$；　（C）$0.8a^2$；　（D）$a^2/0.6$。

4-4　两个惯性系 S 和 S′，沿 $x(x')$ 轴方向做相对运动，相对运动速度为 u，设在 S′系中

某点先后发生了两个事件，用固定于该系的钟测出两事件的时间间隔为 τ_0，而用固定在 S 系中的钟测出这两个事件的时间间隔为 τ；又在 S′系 x'轴上放置一固有长度为 l_0的细杆，从 S 系测得此杆的长度为 l，则：　[　　]

（A）$\tau<\tau_0$，$l<l_0$；　（B）$\tau<\tau_0$，$l>l_0$；

（C）$\tau>\tau_0$，$l>l_0$；　（D）$\tau>\tau_0$，$l<l_0$。

4-5　在狭义相对论中，下列说法中哪些是正确的。　[　　]

（1）一切运动物体相对于观察者的速度都不能大于真空中的光速；

（2）质量、长度、时间的测量结果都是随物体与观察者的相对运动状态而改变的；

（3）在一惯性系中发生于同一时刻、不同地点的的两个事件在其他一切惯性系中也是同时发生的；

（4）惯性系中的观察者观察一个与他做匀速相对运动的时钟时，会看到这时钟比与他相对静止的相同的时钟走的慢些。

（A）（1）（3）（4）；　（B）（1）（2）（4）；

（C）（1）（2）（3）；　（D）（2）（3）（4）。

4-6　一匀质矩形薄板，在它静止时测得其长为 a，宽为 b，质量为 m_0，由此可推算出其面积密度为 m_0/ab，假定该薄板沿长度方向以接近光速的速度 v 做匀速直线运动，此时再测算该矩形薄板的面积密度为：　[　　]

（A）$\dfrac{m_0\sqrt{1-(v/c)^2}}{ab}$；　（B）$\dfrac{m_0}{ab\sqrt{1-(v/c)^2}}$；

（C）$\dfrac{m_0}{ab[1-(v/c)^2]}$；　（D）$\dfrac{m_0}{ab[1-(v/c)^2]^{3/2}}$。

4-7　有一直尺固定在 K′系中，它与 Ox'轴的夹角 $\theta'=45°$，如果 K′系以速度 u 沿 Ox 方向相对于 K 系运动，K 系中观察者测得该尺与 Ox 轴的夹角　[　　]

（A）大于 45°；　（B）小于 45°；（C）等于 45°；

（D）当 K′系沿 Ox 轴正方向运动时大于 45°，而当 K′系沿 Ox 轴负方向运动时小于 45°。

4-8　K 系与 K′系是坐标轴相互平行的两个惯性系，K′系相对于 K 系沿 Ox 轴正方向匀速运动，一根钢性尺静止在 K′中，与 $O'x'$轴成 30°角，今在 K 系中观察得该尺与 Ox 轴成 45°角，则 K′系相对于 K 系的速度是：　[　　]

（A）$(2/3)c$；　（B）$(1/3)c$；

（C）$(2/3)^{1/2}c$；　（D）$(1/3)^{1/2}c$。

4-9　一个电子运动速度 $v=0.99c$，它的动能是：（电子的静止能量为 0.51MeV）

[　　]

（A）3.5MeV；　（B）4.0MeV；

（C）3.1MeV；　（D）2.5MeV。

4-10　把一个静止质量为 m_0的粒子，由静止加速到 $V=0.6c$ 需做的功等于：　[　　]

（A）$0.18m_0c^2$；　（B）$0.25m_0c^2$；

（C）$0.36m_0c^2$；　（D）$1.25m_0c^2$。

4-11　令电子的速率为 v，则电子的动能 E_k对于比值 v/c 的图线可用下列选择题 4-11 图中哪一个图表示？

（c 表示真空中光速）　　[　　]

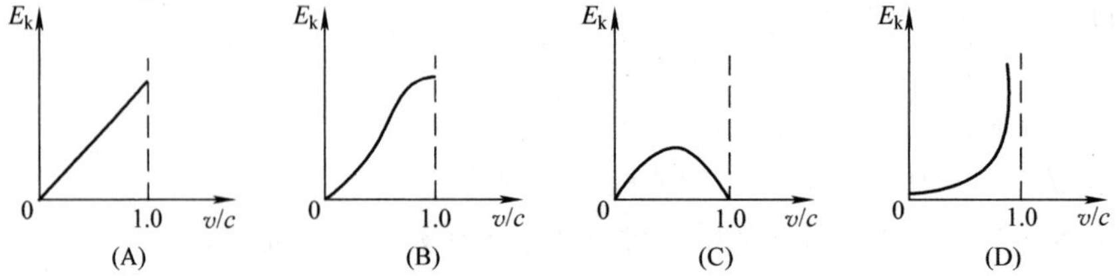

选择题 4-11 图

4-12　在参照系 S 中，有两个静止质量都是 m_0的粒子 A 和 B，分别以速度 v 沿同一直线相向运动，相碰后合在一起成为一个粒子，则其静止质量 m_0的值为　　[　　]

（A）$2m_0$；　　（B）$2m_0\sqrt{1-(v/c)^2}$；

（C）$\dfrac{m_0}{2}\sqrt{1-(v/c)^2}$；　　（D）$\dfrac{2m_0}{\sqrt{1-(v/c)^2}}$。

2. 填空题

4-1　狭义相对论确认，时间和空间的测量值都是________，它与观察者的____密切相关。

4-2　已知惯性系 S′相对于惯性系 S 以 $0.5c$ 的匀速度沿 x 轴的负方向运动，若从 S′系的坐标原点 O'沿 x 轴正方向发出一光波，则 S 系中测得此光波的波速为________。

4-3　有一速度为 u 的宇宙飞船沿 x 轴正方向飞行，飞船头尾各有一个脉冲光源在工作，处于船尾的观察者测得船头光源发出的光脉冲的传播速度大小为________，处于船头的观察者测得船尾光源发出的光脉冲的传播速度大小为________。

4-4　一列高速火车以速度 u 驶过车站时，固定在站台上的两只机械手在车厢上同时划出两个痕迹，静止在站台上的观察者同时测出两痕迹之间的距离为 1m，则车厢上观察者应测出这两个痕迹之间的距离为________。

4-5　静止时边长为 50cm 的立方体，当它沿着与它的一个棱边平行的方向相对于地面以匀速度 $2.4\times10^8\mathrm{m\cdot s^{-1}}$运动时，在地面上测得它的体积是________。

4-6　在 S 系中的 x 轴上相隔为 Δx 处有两只同步的钟 A 和 B，读数相同，在 S′系的 x'轴上也有一只同样的钟 A′，若 S′系相对于 S 系的运动速度为 v，沿 x 轴方向且当 A′与 A 相遇时，刚好两钟的读数均为零。那么，当 A′钟与 B 钟相遇时，在 S 系中 B 钟的读数是________；此时在 S′系中 A′钟的读数是________。

4-7　观察者甲以 $0.8c$ 的速度相对于静止的观察者乙运动，若甲携带一质量为 1kg 的物体，则：（1）甲测得此物体的总能量为________；（2）乙测得此物体的总能量为________。

4-8　观察者甲以$\dfrac{4}{5}c$ 的速度相对于静止的观察者乙运动，若甲携带一长度为 l、截面积为 s，质量为 m 的棒，这根棒安放在运动方向上，则：

（1）甲测得此棒的密度为________；（2）乙测得此棒的密度为________。

4-9　（1）在速度 $v=$________情况下粒子的动量等于非相对论动量的两倍；

（2）在速度________情况下粒子的动能等于它的静止能量。

4-10　某加速器将电子加速到能量 $E=2\times10^{6}\mathrm{eV}$ 时，该电子的动能为________。（电子静止质量 $m_e=9.11\times10^{-31}\mathrm{kg}$，$1\mathrm{eV}=1.60\times10^{-19}\mathrm{J}$）

3. 计算题

4-1　一电子以 $v=0.99c$（c 为真空中光速）的速率运动。试求：

（1）电子的总能量是多少？

（2）电子的经典力学的动能与相对论动量之比是多少？（电子静止质量 $m_e=9.11\times10^{-31}\mathrm{kg}$）

4-2　一体积为 v_0，质量为 m_0的立方体沿其一棱的方向相对于观察者 A 以速度 v 运动。求：观察者 A 测得其密度是多少？

4-3　要使电子的速度从 $v_1=1.2\times10^{8}\mathrm{m/s}$ 增加到 $v_2=2.4\times10^{8}\mathrm{m/s}$，必须对它做多少功？（电子静止质量 $m_e=9.11\times10^{-31}\mathrm{kg}$）

4-4　设快速运动的介子的能量约为 $E=3000\mathrm{MeV}$，而这种介子在静止时的能量为 $E_0=100\mathrm{MeV}$，若这种介子的固有寿命是 $\tau_0=2\times10^{-6}\mathrm{s}$，求它运动的距离？（真空中光速 $c=2.9979\times10^{8}\mathrm{m/s}$）

4-5　一发射台向东西两侧距离均为 L_0的两个接收站 E 与 W 发射讯号，今有一飞机以匀速度 v 沿发射台与两接收站的连线由西向东飞行，试问在飞机上测得两接收站接收到发射台同一讯号的时间间隔是多少？

4-6　某一宇宙射线中介子的动能 $E_k=7m_0c^2$，其中 m_0是介子的静止质量。试求在实验室中观察它的寿命 τ 是它的固有寿命的多少倍？

第5章　静　电　学

本章内容与教材第5章内容相对应。

5.1　学习要点与重要公式

1. 电荷守恒定律

在孤立系统内，不论进行什么过程，正负电荷的代数和恒定不变。这一结论称为电荷守恒定律，它是自然界的基本定律之一。

2. 库仑定律

$$\boldsymbol{F}=\frac{1}{4\pi\varepsilon_0}\frac{q_1q_2}{r^2}\boldsymbol{r}_0$$

两个点电荷间的作用力具体应用时，常由 $F=\dfrac{q_1q_2}{4\pi\varepsilon_0 r^2}$求大小。式中，$q_1$、$q_2$不带符号均为正，方向由同号相斥、异号相吸来确定。

3. 描述静电场的物理量

（1）场量描述　电场强度 $\boldsymbol{E}=\dfrac{\boldsymbol{F}}{q_0}$，电势 $V_A=\int_A^{\text{电势零点}}\boldsymbol{E}\cdot\mathrm{d}\boldsymbol{l}$

（2）场图描述　电场线，等势面电场线处处与等势面垂直，并指向电势降落的方向，电场线密处，等势面间距小。

4. 电通量

垂直通过电场中某一给定面的电场线的条数称为通过该面的电通量。

（1）对匀强电场，有　$\varPhi_{\mathrm{e}}=\boldsymbol{E}\cdot\boldsymbol{S}$

（2）对非匀强电场，有　$\varPhi_{\mathrm{e}}=\oint_S\boldsymbol{E}\cdot\mathrm{d}\boldsymbol{S}$

5. 静电场的两个基本定理

（1）高斯定理　$\varPhi_{\mathrm{e}}=\oint_S\boldsymbol{E}\cdot\mathrm{d}\boldsymbol{S}=\dfrac{\Sigma q_{\text{内}}}{\varepsilon_0}$

表明静电场是有源场，电场线起始于正电荷，终止于负电荷或无穷远。

（2）环路定理　$\oint_L\boldsymbol{E}\cdot\mathrm{d}\boldsymbol{l}=0$

表明电场力是保守力，静电场为保守场，可以引进电势和电势能的概念。

6. 电场强度的计算

（1）点电荷的电场强度　$\boldsymbol{E}=\dfrac{q}{4\pi\varepsilon_0 r^2}\boldsymbol{r}_0$

（2）连续带电体的电场强度　$E=\int\mathrm{d}E=\int\dfrac{\mathrm{d}q}{4\pi\varepsilon_0 r^2}$（注意：统一积分变量）

（3）利用高斯定理求电场强度（适用条件：带电体及电场分布具有高度对称性）根据电场强度分布的对称性特点，合理选取高斯面 S（一般为球面或圆柱面），使所选取的高斯面通过待求的场点，并使 S 面上与 $\mathrm{d}S$ 夹角为 0 的地方 E 为常量，其他地方与 $\mathrm{d}S$ 夹角为 90°。

（4）利用电场强度与电势的关系求电场强度

电场中某一点的电场强度沿任一方向的分量，等于该点的电势沿此方向单位长度的电势变化量的负值，即

$$E = \frac{\partial V}{\partial l}$$

采用这种方法在已知电势分布的情况下，求电场强度时比较方便。

（5）几种典型带电体的电场强度公式

① 无限长均匀带电直线 $E = \dfrac{\lambda}{2\pi\varepsilon_0 r}$，方向垂直于带电直线

② 无限大均匀带电平面 $E = \dfrac{\sigma}{2\varepsilon_0}$，方向垂直于带电平面

③ 均匀带电球面 $E_{内} = 0 \quad (r < R)$

$$E_{外} = \frac{q}{4\pi\varepsilon_0 r^2} \quad (r > R)$$

④ 均匀带电球体 $E_{内} = \dfrac{qr}{4\pi\varepsilon_0 R^3} \quad (r < R)$

$$E_{外} = \frac{q}{4\pi\varepsilon_0 r^2} \quad (r > R)$$

7. 电势的计算

（1）点电荷的电势 $V = \dfrac{q}{4\pi\varepsilon_0 r}$

（2）点电荷系的电势（电势叠加原理） $V = \sum\limits_i^n V_i$

（3）连续带电体空间电势分布的计算

① 先求带电体空间的电场强度分布

② 再利用电势的定义式有 $V_A = \int_A^\infty \boldsymbol{E} \cdot \mathrm{d}\boldsymbol{l}$（注意：有时会存在分段积分）

（4）电势差 $U = V_a - V_b = \int_a^b \boldsymbol{E} \cdot \mathrm{d}\boldsymbol{l} = \int_a^b E\mathrm{d}l\cos\theta$

（沿电场强度 E 的方向取积分路径，则 $\cos\theta = 1$）。

8. 电场力与电场力的功

（1）电场力 $\boldsymbol{F} = q\boldsymbol{E}$

（2）电势能 $W_a = qV_a = q\int_a^\infty \boldsymbol{E} \cdot \mathrm{d}\boldsymbol{l}$

（3）电场力的功 $A_{ab} = q\int_a^b \boldsymbol{E} \cdot \mathrm{d}\boldsymbol{l} = qU_{ab} = W_a - W_b = -\Delta W$

（4）电偶极子在匀强电场中受到的力矩

$$\boldsymbol{M} = \boldsymbol{p}_e \times \boldsymbol{E}$$

式中：电矩 $\boldsymbol{p}_e = q\boldsymbol{l}$，方向由负电荷指向正电荷。力矩总是力图使电矩 $\boldsymbol{p}_e$ 转向与电场强度 $\boldsymbol{E}$ 一致的方向。

9. 导体的静电平衡条件

导体内部电场强度处处为零，即 $E = 0$。

10. 导体处于静电平衡时的性质

① 导体是个等势体，其表面为等势面；

② 导体内部无净电荷，电荷只能分布在导体表面。若空腔导体内有电荷 $+q$，则空腔导体内表面必带电荷 $-q$，外表面必带电荷 $+q$；

③ 导体表面附近的电场强度方向与表面垂直，且其值为 σ/ε_0；

④ 孤立导体表面电荷面密度与表面各处的曲率成正比（即越尖锐的地方电荷越密集）。

11. 静电屏蔽

空腔导体内部电场不受外部电场的影响（即让外面的电场线进不来，使里面的电场线分布不受外部干扰）；接地的空腔导体外部的电场不受内部电场的影响（即让里面的电场线出不去，使外面的电场线不受内部干扰）。这两种现象通称为静电屏蔽。

应该注意两点：第一，导体接地后与大地等势，但这并不是意味着导体内就一定没有电荷；第二，导体接地后，接地线提供了与大地交换电荷的通道，但至于电荷向哪边流动，取决于接地之前导体的电势。

12. 有导体存在时静电场的电场强度与电势的计算

处理有导体时的静电场问题的主要依据是：导体的静电平衡条件，电荷守恒定律，静电场的高斯定理等，其有力的工具是电场线。

13. 电容与电容器

（1）孤立导体的电容 $C = \dfrac{Q}{V}$

（2）电容器的电容 $C = \dfrac{Q}{U_{AB}}$

（3）几种典型电容器的电容

① 平行板电容器 $C = \dfrac{\varepsilon_0 S}{d}$（$S$ 为极板面积，d 为极板间距）

② 柱形电容器 $C = \dfrac{2\pi\varepsilon_0 L}{\ln R_2/R_1}$（$R_1$、$R_2$ 为圆筒内、外径，L 为柱形圆筒的高度）

③ 球形电容器 $C = \dfrac{4\pi\varepsilon_0 R_1 R_2}{R_2 - R_1}$（$R_1$、$R_2$ 为球壳内、外径）

（4）电容器电容求解的步骤

第一，设两极板带等量异号电荷 Q；

第二，确定电容器两极板间的电场强度分布；

第三，由 $U_{AB} = \int_A^B \boldsymbol{E} \cdot d\boldsymbol{l}$ 求出两极板间的电压；

第四，由电容的定义式 $C = \dfrac{Q}{U_{AB}}$ 求出电容值。

（5）电容器的连接（与电阻的串、并联规律刚好相反）

① 串联　$\frac{1}{C}=\frac{1}{C_1}+\frac{1}{C_2}+\cdots+\frac{1}{C_n}$，$Q_1=Q_2=\cdots=Q_n$

$$U=U_1+U_2+\cdots+U_n$$

② 并联　$C=C_1+C_2+\cdots+C_n$，$Q=Q_1+Q_2+\cdots+Q_n$

$$U=U_1=U_2=\cdots=U_n$$

14. 电介质中的电场

（1）电介质在电场E_0中被极化，介质表面出现极化电荷并激发附加电场E'，电介质中的电场强度为　$\boldsymbol{E}=\boldsymbol{E}_0+\boldsymbol{E}'$

式中，
$$E_0=\frac{\sigma_0}{\varepsilon_0},\quad E'=\frac{\sigma'}{\varepsilon_0},\quad E=\frac{E_0}{\varepsilon_r}$$

（2）有电介质时的高斯定理

$$\oint_S \boldsymbol{D}\cdot \mathrm{d}\boldsymbol{S}=\Sigma q_i$$

式中，$\boldsymbol{D}=\varepsilon\boldsymbol{E}$，仅取决于自由电荷的分布，与电介质性质无关。

（3）有电介质时的安培环路定理

$$\oint_L \boldsymbol{E}\cdot \mathrm{d}\boldsymbol{l}=0$$

表明有电介质时的电场仍然是保守场，同样可以引进电势和电势能。

15. 静电场的能量

（1）电容器储存的能量

$$W_{\mathrm{e}}=\frac{1}{2}CU^2=\frac{1}{2}\frac{Q^2}{C}=\frac{1}{2}QU$$

讨论电容器的能量问题时，应当注意：当充电后切断电源时，电容器极板上的电量Q不变；当电容器两极板一直与电源连接时，电容器极板间电压不变。

（2）电场能量密度　$w_{\mathrm{e}}=\frac{1}{2}\varepsilon E^2=\frac{1}{2}DE$

（3）电场能量　$W_{\mathrm{e}}=\int_V w_{\mathrm{e}}\mathrm{d}V=\int_V\frac{1}{2}DE\mathrm{d}V$

5.2　习题解答

5-1　一电场强度为$\boldsymbol{E}$的均匀电场，$\boldsymbol{E}$的方向与沿x轴正向，如习题5-1图所示。则通过图中一半径为R的半球面的电场强度通量为：

（A）R^2E；　（B）$R^2E/2$；

（C）$2R^2E$；　（D）0。　[D]

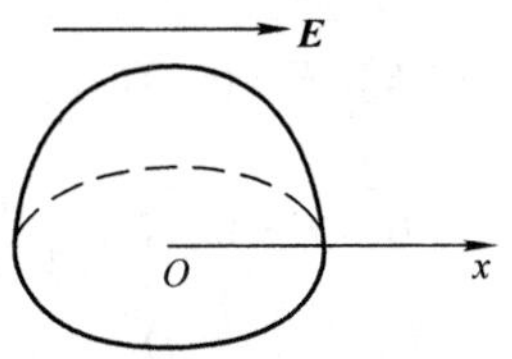

习题5-1图

5-2　有一边长为a的正方形平面，在其中垂线上距中心O点$a/2$处，有一电荷为q的正点电荷，如习题5-2图所示，则通过该平面的电场强度通量为：

（A）$\dfrac{q}{3\varepsilon_0}$；　　（B）$\dfrac{q}{4\pi\varepsilon_0}$；

（C）$\dfrac{q}{3\pi\varepsilon_0}$；　　（D）$\dfrac{q}{6\varepsilon_0}$。　　［ D ］

5-3　点电荷 Q 被曲面 S 所包围，从无穷远处引入另一点电荷 q 至曲面外一点，如习题 5-3 图所示，则引入前后：

（A）曲面 S 的电场强度通量不变，曲面上各点场强不变；

（B）曲面 S 的电场强度通量变化，曲面上各点场强不变；

（C）曲面 S 的电场强度通量变化，曲面上各点场强变化；

（D）曲面 S 的电场强度通量不变，曲面各点场强变化。　　［ D ］

5-4　如习题 5-4 图所示，半径为 R 的均匀带电球面的静电场中各点的电场强度的大小 E 与距球心的距离 r 之间的关系曲线为：　　［ B ］

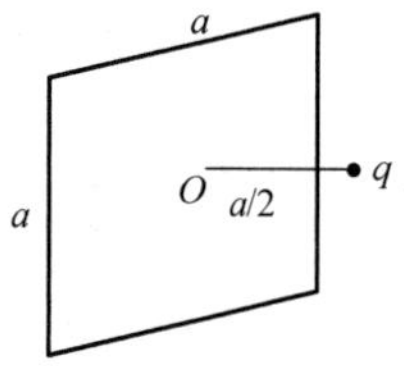

习题 5-2 图

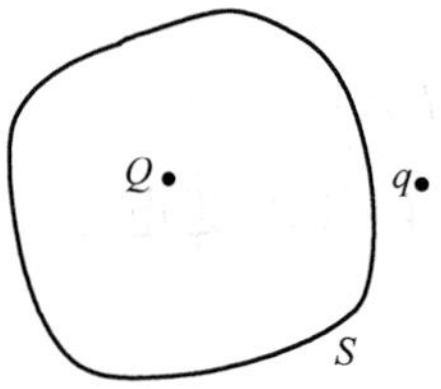

习题 5-3 图

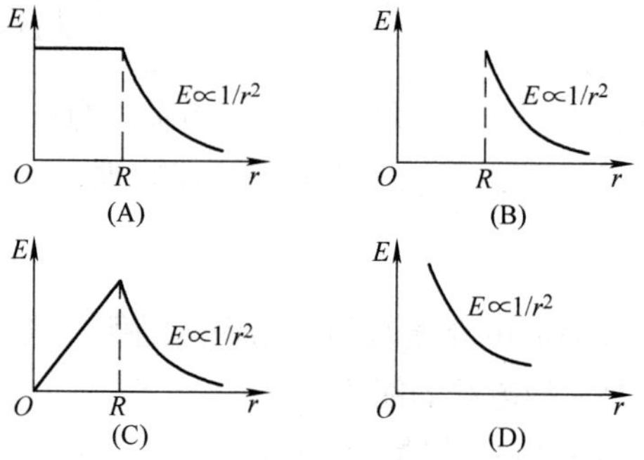

习题 5-4 图

5-5　两个同心均匀带电球面，半径分别为 R_a 和 R_b（$R_a < R_b$），所带电荷分别为 Q_a 和 Q_b。设某点与球心相距 r，当 $R_a < r < R_b$ 时，该点的电场强度的大小为：

（A）$\dfrac{1}{4\pi\varepsilon_0}\cdot\dfrac{Q_a+Q_b}{r^2}$；　　（B）$\dfrac{1}{4\pi\varepsilon_0}\cdot\dfrac{Q_a-Q_b}{r^2}$；

（C）$\dfrac{1}{4\pi\varepsilon_0}\cdot\left(\dfrac{Q_a}{r^2}+\dfrac{Q_b}{R_b^2}\right)$；　　（D）$\dfrac{1}{4\pi\varepsilon_0}\cdot\dfrac{Q_a}{r^2}$。　　［ D ］

5-6　如习题 5-6 图所示，半径为 R 的均匀带电球面，总电荷为 Q，设无穷远处的电势为零，则球内距离球心为 r 的 P 点处的电场强度的大小和电势为：

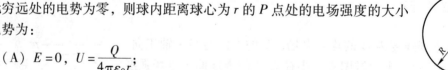

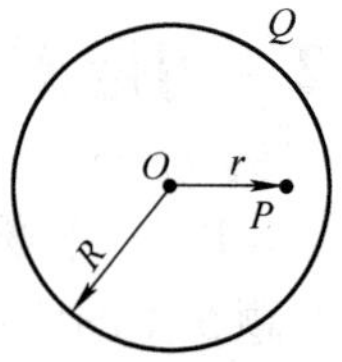

习题 5-6 图

（A）$E=0$，$U=\dfrac{Q}{4\pi\varepsilon_0 r}$；

（B）$E=0$，$U=\dfrac{Q}{4\pi\varepsilon_0 R}$；

（C）$E=\dfrac{Q}{4\pi\varepsilon_0 r^2}$，$U=\dfrac{Q}{4\pi\varepsilon_0 r}$；

（D）$E=\dfrac{Q}{4\pi\varepsilon_0 r^2}$，$U=\dfrac{Q}{4\pi\varepsilon_0 R}$。　　［ B ］

5-7　真空中有一点电荷 Q，在与它相距为 r 的 a 点处有一试验电荷 q。现使试验电荷 q

从 a 点沿半圆弧轨道运动到 b 点，如习题5-7图所示。则电场力对 q 做功为：

（A）$\dfrac{Qq}{4\pi\varepsilon_0 r^2}\cdot\dfrac{\pi r^2}{2}$；　　（B）$\dfrac{Qq}{4\pi\varepsilon_0 r^2}2r$；

（C）$\dfrac{Qq}{4\pi\varepsilon_0 r^2}\pi r$；　　（D）0。　　[D]

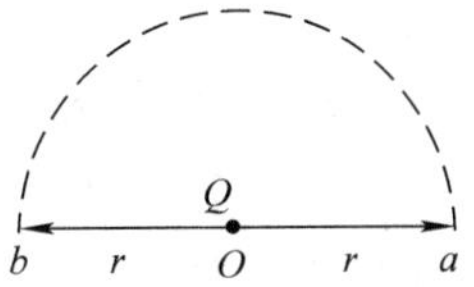

习题5-7图

5-8　一空心导体球壳，其内、外半径分别为 R_1 和 R_2，带电荷 q，如习题5-8图所示。当球壳中心处再放一电荷为 q 的点电荷时，则导体球壳的电势（设无穷远处为电势零点）为：

（A）$\dfrac{q}{4\pi\varepsilon_0 R_1}$；　　（B）$\dfrac{q}{4\pi\varepsilon_0 R_2}$；

（C）$\dfrac{q}{2\pi\varepsilon_0 R_1}$；　　（D）$\dfrac{q}{2\pi\varepsilon_0 R_2}$。　　[D]

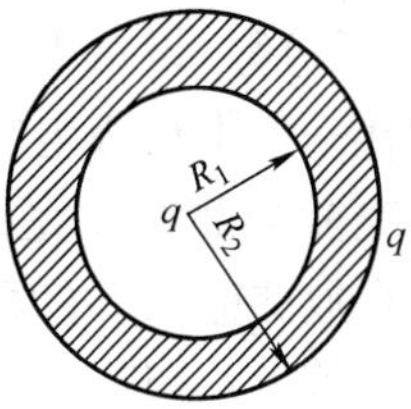

习题5-8图

5-9　两个同心薄金属球壳，半径分别为 R_1 和 R_2（$R_2 > R_1$），若分别带上电荷 q_1 和 q_2，则两者的电势分别为 U_1 和 U_2（选无穷远处为电势零点）。现用导线将两球壳相连接，则它们的电势为：

（A）U_1；　　（B）U_2；

（C）$U_1 + U_2$；　　（D）$\dfrac{1}{2}(U_1 + U_2)$。　　[B]

5-10　关于高斯定理，下列说法中哪一个是正确的？

（A）高斯面内不包围自由电荷，则面上各点电位移矢量 $\boldsymbol{D}$ 为零；

（B）高斯面上处处 $\boldsymbol{D}$ 为零，则面内必不存在自由电荷；

（C）高斯面的 $\boldsymbol{D}$ 通量仅与面内自由电荷有关；

（D）以上说法都不正确。　　[C]

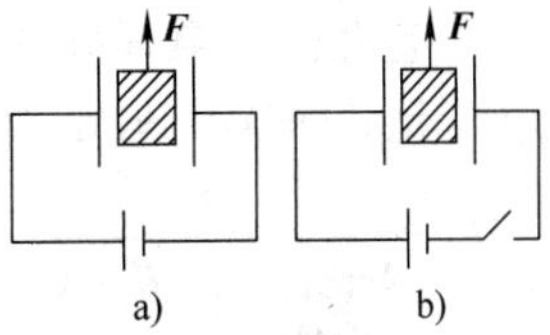

习题5-11图

a）充电后仍与电源连接

b）充电后与电源断开

5-11　用力 F 把电容器中的电介质板拉出，在习题5-11图a、b的两种情况下，电容器中储存的静电能量将：

（A）都增加；　　（B）都减少；

（C）a）增加；d）减少；　　（D）a）减少，b）增加。　　[D]

5-12　两个平行的“无限大”均匀带电平面，其电荷面密度分别为 $+\sigma$ 和 $+2\sigma$，如习题5-12图所示。则 A、B、C 三个区域的电场强度分别为：

$E_A =$ ________，$E_B =$ ________，

$E_C =$ ________（设方向向右为正）。

答案：$-3\sigma/(2\varepsilon_0)$；$-\sigma/(2\varepsilon_0)$；$3\sigma/(2\varepsilon_0)$

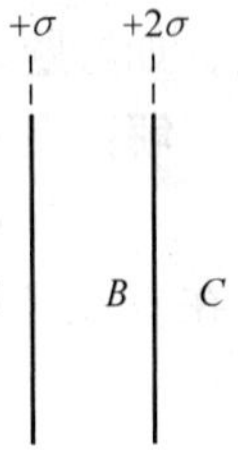

习题5-12图

5-13　如习题5-13图所示，试验电荷 q，在点电荷 $+Q$ 产生的电场中，沿半径为 R 的整个圆弧的3/4圆弧轨道由 a 点移到 d 点的过程中电场力做功为________；从 d 点移到无穷远处的过程中，电场力做功为________。

答案：0；$\dfrac{Qq}{4\pi\varepsilon_0 R}$

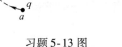

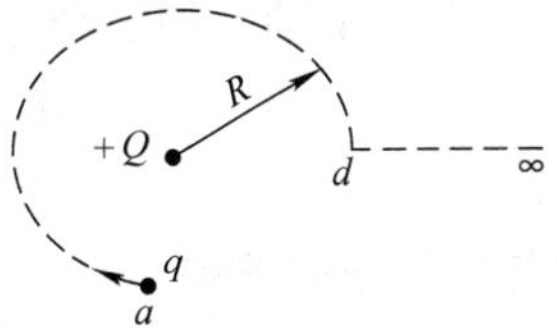

习题5-13图

5-14　空气平行板电容器的两极板面积均为 S，两板相距很

近，电荷在平板上的分布可以认为是均匀的。设两极板分别带有电荷 $+Q_1-Q$，则两板间相互吸引力为________。

答案：$Q^2/(2\varepsilon_0 S)$

5-15　空气的击穿电场强度为 $2\times10^6\ \mathrm{V\cdot m^{-1}}$，直径为0.10m 的导体球在空气中时最多能带的电荷为________。（真空介电常数 $\varepsilon_0=8.85\times10^{-12}\ \mathrm{C^2\cdot N^{-1}\cdot m^{-2}}$）

答案：5.6×10^{-7} C

5-16　设雷雨云位于地面以上500m 的高度，其面积为 $10^7\mathrm{m^2}$，为了估算，把它与地面看作一个平行板电容器，此雷雨云与地面间的电场强度为 10^4V/m，若一次雷电即把雷雨云的电能全部释放完，则此能量相当于质量为________kg 的物体从500m 高空落到地面所释放的能量。（真空介电常数 $\varepsilon_0=8.85\times10^{-12}\ \mathrm{C^2\cdot N^{-1}\cdot m^{-2}}$）

答案：452kg

5-17　在相对介电常量为 r 的各向同性的电介质中，电位移矢量与场强之间的关系是________。

答案：$\boldsymbol{D}=\varepsilon_0\varepsilon_r\boldsymbol{E}$

5-18　如习题5-18图所示，真空中一长为 L 的均匀带电细直杆，总电荷为 q，试求在直杆延长线上距杆的一端距离为 d 的 P 点的电场强度。

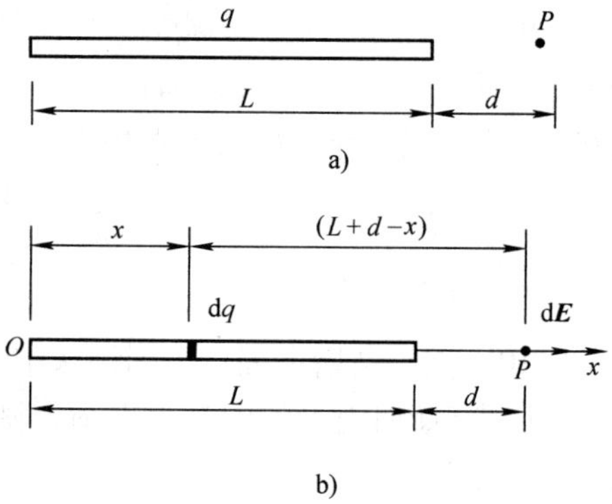

习题5-18图

解：设杆的左端为坐标原点 O，x 轴沿直杆方向。带电直杆的电荷线密度为 $\lambda=q/L$，在 x 处取一电荷元 $\mathrm{d}q=\lambda\mathrm{d}x=q\mathrm{d}x/L$，它在 P 点的场强

$$\mathrm{d}E=\frac{\mathrm{d}q}{4\pi\varepsilon_0\,(L+d-x)^2}=\frac{q\mathrm{d}x}{4\pi\varepsilon_0 L\,(L+d-x)^2}$$

总场强为　$$E=\frac{q}{4\pi\varepsilon_0 L}\int_0^L\frac{\mathrm{d}x}{(L+d-x)^2}=\frac{q}{4\pi\varepsilon_0 d(L+d)}$$

方向沿 x 轴，即杆的延长线方向。

5-19　带电细线弯成半径为 R 的半圆形，电荷线密度为 $\lambda=\lambda_0\sin\phi$，式中 λ_0 为一常数，ϕ 为半径 R 与 x 轴所成的夹角，如习题5-19图所示．试求环心 O 处的电场强度。

解：在 ϕ 处取电荷元，其电荷为

$$\mathrm{d}q=\lambda\mathrm{d}l=\lambda_0 R\sin\phi\mathrm{d}\phi$$

它在 O 点产生的场强为

$$\mathrm{d}E=\frac{\mathrm{d}q}{4\pi\varepsilon_0 R^2}=\frac{\lambda_0\sin\phi\mathrm{d}\phi}{4\pi\varepsilon_0 R}$$

在 x、y 轴上的二个分量

$$\mathrm{d}E_x=-\mathrm{d}E\cos\phi$$

$$\mathrm{d}E_y=-\mathrm{d}E\sin\phi$$

对各分量分别求和

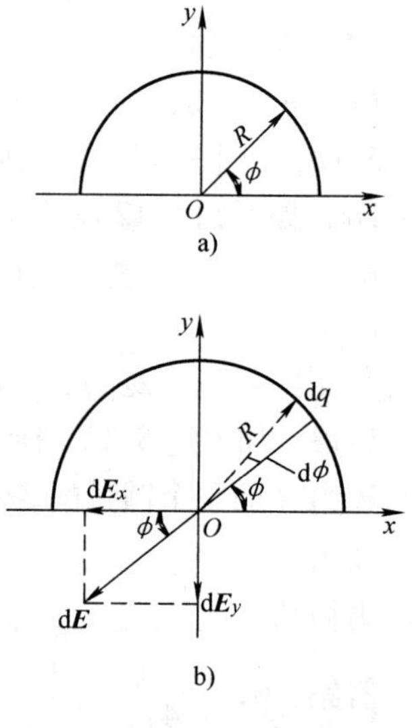

习题5-19图

$$\left.\begin{aligned} E_x &= \frac{\lambda_0}{4\pi\varepsilon_0 R}\int_0^{\pi}\sin\phi\cos\phi\mathrm{d}\phi = 0 \\ E_y &= \frac{\lambda_0}{4\pi\varepsilon_0 R}\int_0^{\pi}\sin\phi\sin\phi\mathrm{d}\phi = -\frac{\lambda_0}{8\varepsilon_0 R} \end{aligned}\right\}$$

5-20 如习题5-20图，有一电荷面密度为σ的“无限大”均匀带电平面，若以该平面处为电势零点，试求带电平面周围空间的电势分布。

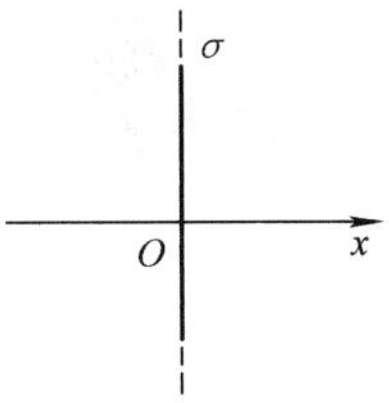

习题5-20图

解：选坐标原点在带电平面所在处，x轴垂直于平面。由高斯定理可得场强分布为

$$E = \pm\sigma/(2\varepsilon_0)$$

式中，“+”对$x>0$区域，“-”对$x<0$区域。平面外任意点x处电势在$x\leqslant 0$区域

$$U = \int_x^0 E\mathrm{d}x = \int_x^0 \frac{-\sigma}{2\varepsilon_0}\mathrm{d}x = \frac{\sigma x}{2\varepsilon_0}$$

在$x\geqslant 0$区域

$$U = \int_x^0 E\mathrm{d}x = \int_x^0 \frac{\sigma}{2\varepsilon_0}\mathrm{d}x = \frac{-\sigma x}{2\varepsilon_0}$$

5-21 用质子轰击重原子核。因重核质量比质子质量大得多，可以把重核看成是不动的。设重核带电荷Ze，质子的质量为m、电荷为e、轰击速度$\boldsymbol{v}_0$。若质子不是正对重核射来，$\boldsymbol{v}_0$的延长线与核的垂直距离为b，如习题5-21图所示，试求质子离核的最小距离r。

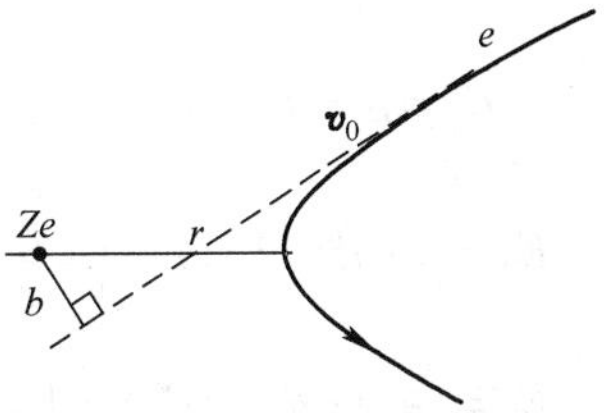

习题5-21图

解：设质子原先离重核很远，相对于最小距离r，可以认为在无限远处．在前后两种距离下，能量守恒，即

$$\frac{Ze^2}{4\pi\varepsilon_0 r} + \frac{mv^2}{2} = \frac{mv_0^2}{2} \quad ①$$

动量矩守恒，即 $$mvr = mv_0 b \quad ②$$

由此得 $$v = bv_0/r$$

代入①式，经整理后得到 $r^2 - \dfrac{Ze^2}{2\pi\varepsilon_0 mv_0^2}r - b^2 = 0$

由上式解出 $$r = \frac{Ze^2}{4\pi\varepsilon_0 mv_0^2} + \sqrt{\left(\frac{Ze^2}{4\pi\varepsilon_0 mv_0^2}\right)^2 + b^2}$$

（另一解r为负值，不符合要求）

5-22 如习题5-22图所示一厚度为d的“无限大”均匀带电平板，电荷体密度为ρ。试求板内外的场强分布，并画出场强随坐标x变化的图线，即$E-x$图线。（设原点在带电平板的中央平面上，Ox轴垂直于平板）。

解：由电荷分布的对称性可知在中心平面两侧离中心平面相同距离处场强均沿x轴，大小相等而方向相反。

在板内作底面为S的高斯柱面S_1（习题5-22b图中厚度放大了），两底面距离中心平面

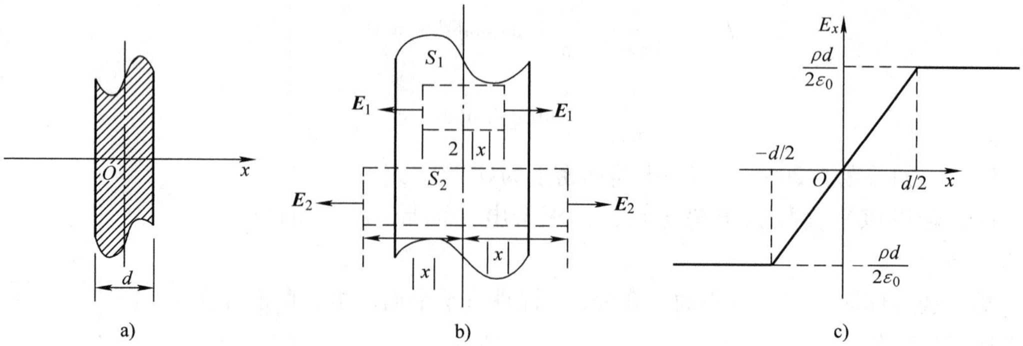

习题 5-22 图

均为 $|x|$，由高斯定理得

$$E_1 \cdot 2S = \rho \cdot 2|x|S/\varepsilon_0$$

则得

$$E_1 = \rho|x|/\varepsilon_0$$

即　$E_1 = \rho x/\varepsilon_0 \quad \left(-\frac{1}{2}d \leqslant x \leqslant \frac{1}{2}d\right)$

在板外作底面为 S 的高斯柱面 S_2，两底面距中心平面均为 $|x|$，由高斯定理得

$$E_2 \cdot 2S = \rho \cdot Sd/\varepsilon_0$$

则得　$E_2 = \rho \cdot d/(2\varepsilon_0) \quad \left(|x| > \frac{1}{2}d\right)$

即　$E_2 = \rho \cdot d/(2\varepsilon_0) \quad \left(x > \frac{1}{2}d\right)$

$E_2 = -\rho \cdot d/(2\varepsilon_0) \quad \left(x < -\frac{1}{2}d\right)$

$E-x$ 图线如习题 5-22c 图所示。

5.3　静电学章节训练

1. 选择题

5-1　如选择题 5-1 图所示，把大小可以不计的带有同种电荷的小球 A 和 B 互相排斥，静止时，绝缘细线与竖直方向的夹角分别为 α 和 β，且 $\alpha < \beta$，由此可知：　[　　]

（A）B 球受到的库仑力较大，电荷量较大；

（B）B 球的质量较大；

（C）B 球受到细线的拉力较大；

（D）两球接触后，再静止时，A 球的悬线与竖直方向的夹角仍然小于 B 球的悬线与竖直方向的夹角。　[　　]

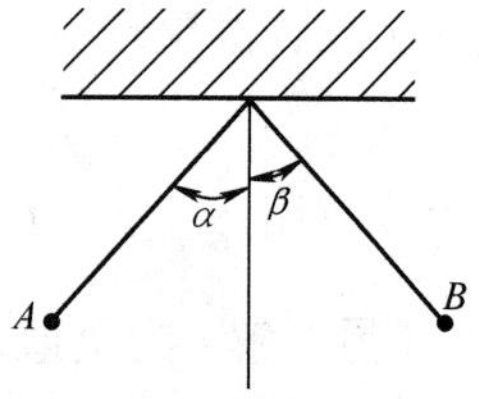

选择题 5-1 图

5-2　在没有其他电荷存在的情况下，一个点电荷 q_1 受另一点电荷 q_2 的作用力为 F_{12}，当放入第三个电荷 Q 后，以下说法正确的是　[　　]

（A）$\boldsymbol{F}_{12}$ 的大小不变，但方向改变，q_1 所受的总电场力不变；

（B）$\boldsymbol{F}_{12}$的大小改变了，但方向没变，q_1受的总电场力不变；

（C）$\boldsymbol{F}_{12}$的大小和方向都不会改变，但q_1受的总电场力发生了变化；

（D）$\boldsymbol{F}_{12}$的大小、方向均发生改变，q_1受的总电场力也发生了变化。

5-3 在点电荷激发的电场中，如以点电荷为心作一个球面，关于球面上的电场，以下说法正确的是： [ ]

（A）球面上的电场强度矢量 $\boldsymbol{E}$ 处处不等；

（B）球面上的电场强度矢量 $\boldsymbol{E}$ 处处相等，故球面上的电场是匀强电场；

（C）球面上的电场强度矢量 $\boldsymbol{E}$ 的方向一定指向球心；

（D）球面上的电场强度矢量 $\boldsymbol{E}$ 的方向一定沿半径垂直球面向外。

5-4 如选择题5-4图所示，一个带电量为 q 的点电荷位于立方体的 A 角上，则通过侧面 $a\ b\ c\ d$ 的电场强度通量等于：[ ]

（A）$q/(24\varepsilon_0)$； （B）$q/(12\varepsilon_0)$；

（C）$q/(6\varepsilon_0)$； （D）$q/(48\varepsilon_0)$。

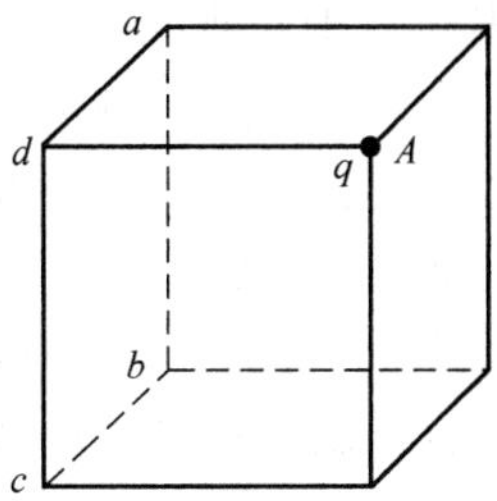

选择题5-4图

5-5 以下说法中正确的是：[ ]

（A）沿着电力线移动负电荷，负电荷的电势能是增加的；

（B）场强弱的地方电位一定低，电位高的地方场强一定强；

（C）等势面上各点的场强大小一定相等；

（D）初速度为零的点电荷，仅在电场力作用下，总是从高电位处向低电位运动。

5-6 如选择题5-6图所示，下面表述中正确的是：[ ]

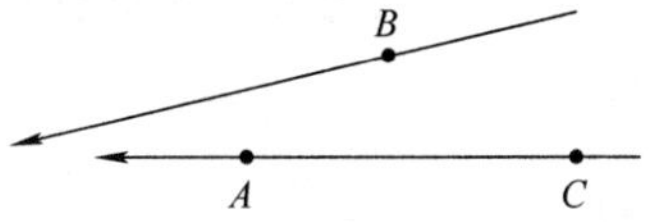

选择题5-6图

（A）$E_A > E_B > E_C$，$U_A > U_B > U_C$；

（B）$E_A < E_B < E_C$，$U_A > U_B > U_C$；

（C）$E_A > E_B > E_C$，$U_A < U_B < U_C$；

（D）$E_A < E_B < E_C$，$U_A < U_B < U_C$。

5-7 半径为 r 的均匀带电球面1，带电量为 q；其外有一同心的半径为 R 的均匀带电球面2，带电量为 Q，则此两球面之间的电势差 $U_1 - U_2$ 为：[ ]

（A）$\dfrac{q}{4\pi\varepsilon_0}\left(\dfrac{1}{r}-\dfrac{1}{R}\right)$； （B）$\dfrac{q}{4\pi\varepsilon_0}\left(\dfrac{1}{R}-\dfrac{1}{r}\right)$；

（C）$\dfrac{1}{4\pi\varepsilon_0}\left(\dfrac{q}{r}-\dfrac{Q}{R}\right)$； （D）$\dfrac{q}{4\pi\varepsilon_0 r}$。

5-8 如选择题5-8图所示，一接地导体球外有一点电荷 Q，距球心为 $2R$，则导体球上的感应电荷为：[ ]

（A）0； （B） $-Q$；

（C） $+Q/2$； （D） $-Q/2$。

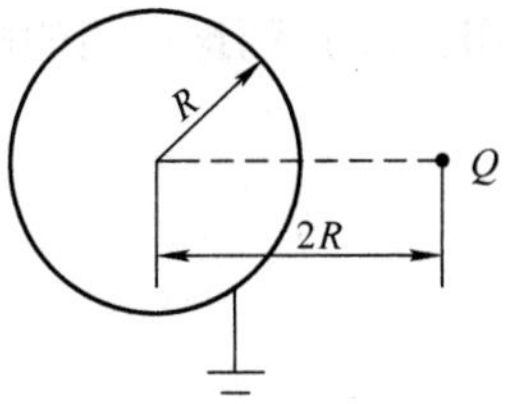

选择题5-8图

2. 填空题

5-1 相距 L 的点电荷 A、B 的带电量分别为 $+4Q$ 和 $-Q$，要引入第三个点电荷 C，使三个点电荷在库仑力作用下都处于平衡状态，C 电荷的带电量________，C 电荷放在________处。

5-2　在正四面体的中心放一个电量为 Q 的点电荷，则通过其中一个侧面的电场强度通量为________。

5-3　在点电荷 $+q$ 与 $-q$ 的静电场中，作出如填空题5-3图所示的三个闭合面 S_1、S_2、S_3，则通过这些闭合面的电场强度通量分别是：Φ_1 = ________，Φ_2 = ________，Φ_3 = ________。

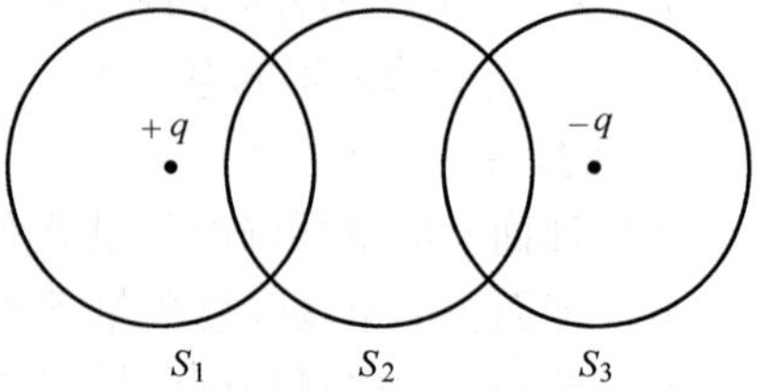

填空题 5-3 图

5-4　电量相等的四个点电荷两正两负分别置于边长为 a 的正方形的四个角上，两正电荷位于正方形的对角上。以无穷远处为电势零点，正方形中心 O 处的电势和场强大小分别为 U_O = ________，E_O = ________。

5-5　一导体球壳带电为 Q，在球心处放置电量 q，静电平衡后，内表面的电量为________，球壳外表面的电量为________。

3. 计算题

5-1　半径为 R_1 和 R_2（$R_2 > R_1$）的两无限长同轴圆柱面，单位长度上分别带有电量 λ 和 $-\lambda$，试求：（1）$r < R_1$；（2）$R_1 < r < R_2$；（3）$r > R_2$ 处各点的场强。

5-2　如计算题5-2图所示，在 A、B 两点处放有电量分别为 $+q$、$-q$ 的点电荷，AB 间距离为 $2R$，现将另一正试验点电荷 q_0 从 O 点经过半圆弧移到 C 点，求移动过程中电场力做的功。

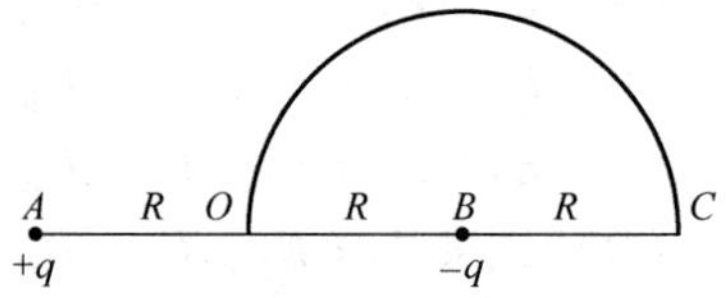

计算题 5-2 图

5-3　两个同心球面的半径分别为 R_1 和 R_2，各自带有电荷 Q 和 q。求：（1）各区域电势分布；（2）两球面间的电势差为多少？

第 6 章　恒定电流的稳恒磁场

本章内容与教材第 6 章内容相对应。

6.1　学习要点与重要公式

1. 稳恒电流与稳恒电场

（1）电流　$I=\frac{\mathrm{d}q}{\mathrm{d}t}$（对截面整体而言，$I$ 是标量）

（2）电流密度　$\boldsymbol{j}=\frac{\mathrm{d}I}{\mathrm{d}S_{\perp}}\boldsymbol{n}$（对截面上一点而言，$\boldsymbol{j}$ 是矢量）

（3）稳恒电流　导体内各处的电流密度不随时间变化的电流，其条件为

$$\oint_S \boldsymbol{j}\cdot \mathrm{d}\boldsymbol{S}=0$$

（4）稳恒电场　电荷分布不随时间变化所产生的电场

（5）电动势　通过非静电力做功，电源将其他形式的能转化为电能以维持电流持续流动的能力，其数值等于单位正电荷在沿闭合回路一周的过程中非静电力所做的功，即

$$\varepsilon_i=\oint_L \boldsymbol{E}_{\mathrm{k}}\cdot \mathrm{d}\boldsymbol{l}$$

电动势是标量，但有指向。通常把电源内部电势升高的方向，即从负极经电源内部到正极的方向，规定为电动势的方向。

2. 磁场的描述

（1）场量的描述　磁感应强度 $\boldsymbol{B}$ 的大小为 $B=\frac{F_{\max}}{qv}$，方向为小磁针静止在磁场中其 N 极所指的方向。

（2）场图的描述　磁感线。

3. 磁通量

通过磁场中某一给定面的磁感线的条数称为通过该面的磁通量。

对匀强磁场，有　$\Phi_{\mathrm{m}}=\boldsymbol{B}\cdot\boldsymbol{S}$

对非匀强磁场，有　$\Phi_{\mathrm{m}}=\int_S \boldsymbol{B}\cdot \mathrm{d}\boldsymbol{S}$

4. 稳恒磁场的两个基本定理

（1）高斯定理　$\oint_S \boldsymbol{B}\cdot \mathrm{d}\boldsymbol{S}=0$

高斯定理表明磁场是无源场，磁感线是无头无尾的闭合曲线。

（2）安培环路定理　$\oint_L \boldsymbol{H}\cdot \mathrm{d}\boldsymbol{l}=\Sigma I_{内}$

式中，$H=\dfrac{B}{\mu}=\dfrac{B}{\mu_r\mu_0}$，$H$ 只由传导电流的分布所决定，与磁介质性质无关。安培环路定理表明磁场是非保守场。

5. 磁感强度的计算

（1）电流元的磁场（毕奥－萨伐尔定律）

$$\mathrm{d}\boldsymbol{B}=\frac{\mu_0}{4\pi}\frac{I\mathrm{d}\boldsymbol{l}\times\boldsymbol{e}_r}{r^2}$$

（2）运动电荷的磁场

$$\boldsymbol{B}=\frac{\mu_0}{4\pi}\frac{q\boldsymbol{v}\times\boldsymbol{r}_0}{r^2}$$

（3）几种典型载流导线的磁场

① 载流直导线的磁场　　$B=\dfrac{\mu_0 I}{4\pi a}(\cos\theta_1-\cos\theta_2)$

式中，a 为待求点到载流直导线的垂直距离；θ_1、θ_2 的获取原则如图 6-1、图 6-2 所示。

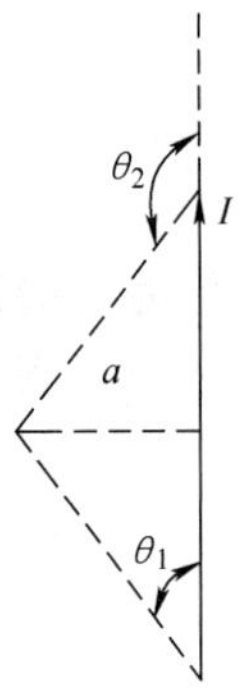

图　6-1

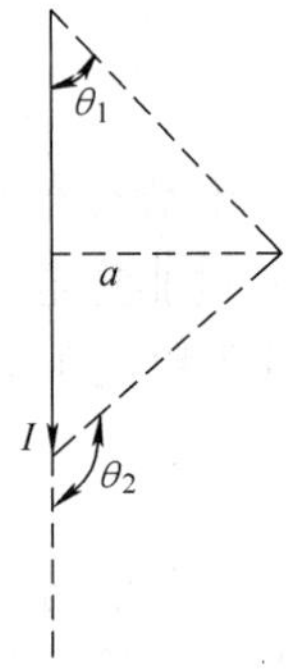

图　6-2

对无限长载流直导线的磁场，有

$$B=\frac{\mu_0 I}{2\pi a}$$

② 载流圆环轴线上任一点的磁场　　$B=\dfrac{\mu_0 IR^2}{2(R^2+x^2)^{\frac{3}{2}}}$

载流圆环圆心处的磁场　　$B=\dfrac{\mu_0 I}{2R}$

载流圆弧圆心处的磁场 $B=\dfrac{\mu_0 I\theta}{4\pi R}$（$\theta$ 为圆弧对应的圆心角）

③ 无限长载流直螺线管内的磁场　　$B=\mu_0 nI$

④ 环形螺线管内的磁场　　$B=\mu_0 nI$

6. 磁场对载流导线和运动电荷的作用

（1）安培定律　　磁场对电流元的磁场力

$$\mathrm{d}\boldsymbol{F}_{\mathrm{m}}=I\mathrm{d}\boldsymbol{l}\times\boldsymbol{B}$$

（2）磁力矩　载流线圈在匀强磁场中所受的力矩为

$$\boldsymbol{M}=\boldsymbol{p}_{\mathrm{m}}\times\boldsymbol{B}$$

式中，磁矩 $\boldsymbol{p}_{\mathrm{m}}=NI\boldsymbol{S}$。

磁力矩总是力图使磁矩 $\boldsymbol{p}_{\mathrm{m}}$ 转向与 $\boldsymbol{B}$ 一致的方向。

（3）磁场力的功　载流导线（或载流线圈）在稳恒磁场中移动（或转动）时磁场力（磁力矩）所做的功为

$$A=I\Delta\Phi_{\mathrm{m}}$$

（4）洛伦兹力公式　磁场对运动电荷的磁场力为

$$\boldsymbol{F}_{\mathrm{m}}=q\,\boldsymbol{v}\times\boldsymbol{B}$$

当$\boldsymbol{v}\,//\boldsymbol{B}$ 时，带电粒子做匀速直线运动。

当$\boldsymbol{v}\perp\boldsymbol{B}$ 时，带电粒子做匀速圆周运动，半径及周期分别为

$$R=\frac{mv}{qB}\ ,\ T=\frac{2\pi m}{qB}$$

当$\boldsymbol{v}$ 与 $\boldsymbol{B}$ 成夹角 θ 时，带电粒子沿磁场方向做等螺距的螺旋运动，螺距和回转半径分别为

$$h=v\cos\theta\frac{2\pi m}{qB}\ ,\ R=\frac{mv\sin\theta}{qB}$$

7. 霍尔效应

当通有电流的导体置于与电流垂直的磁场中时，在垂直于电流和磁场方向，导体两侧面之间产生一横向电场，这一现象称为霍尔效应。

霍尔电压为
$$U_{\mathrm{H}}=R_{\mathrm{H}}\frac{BI}{d}$$

式中，$R_{\mathrm{H}}=\dfrac{1}{nq}$为霍尔系数；$n$ 为载流子浓度；q 为单位载流子的电量；I、B 分别为导体中的电流和磁感应强度；d 为磁场方向上导体的厚度。

8. 磁介质的磁化

磁介质在磁场 $\boldsymbol{B}_0$ 中被磁化，介质表面出现的磁化电流激发的附加磁感应强度为 $\boldsymbol{B}'$，磁介质中的磁感应强度为

$$\boldsymbol{B}=\boldsymbol{B}_0+\boldsymbol{B}'$$

$$B=\mu_r B_0$$

（1）顺磁质　$\mu_r>1$，$\boldsymbol{B}'$与 $\boldsymbol{B}_0$ 同向

（2）抗磁质　$\mu_r<1$，$\boldsymbol{B}'$与 $\boldsymbol{B}_0$ 反向

（3）铁磁质　$\mu_r>>1$，$\boldsymbol{B}'$与 $\boldsymbol{B}_0$ 同向

（4）磁导率　$\mu=\mu_r\mu_0$

6.2　习题解答

6-1　边长为 l 的正方形线圈中通有电流 I，此线圈在 A 点（见习题6-1图）产生的磁感应强度 B 为：　[A]

（A）$\dfrac{\sqrt{2}\mu_0 I}{4\pi l}$；　　（B）$\dfrac{\sqrt{2}\mu_0 I}{2\pi l}$；

（C）$\dfrac{\sqrt{2}\mu_0 I}{\pi l}$；　　（D）以上均不对。

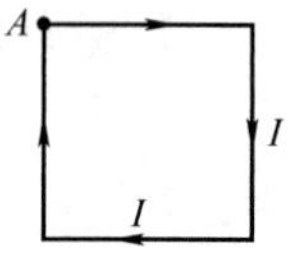

习题 6-1 图

6-2　如习题 6-2 图所示，两根直导线 ab 和 cd 沿半径方向被接到一个截面处处相等的铁环上，稳恒电流 I 从 a 端流入而从 d 端流出，则磁感应强度 $\boldsymbol{B}$ 沿图中闭合路径 L 的积分 $\oint_L \boldsymbol{B}\cdot \mathrm{d}\boldsymbol{l}$ 等于：

（A）$\mu_0 I$；　　（B）$\dfrac{1}{3}\mu_0 I$；

（C）$\mu_0 I/4$；　　（D）$2\mu_0 I/3$。　　[D]

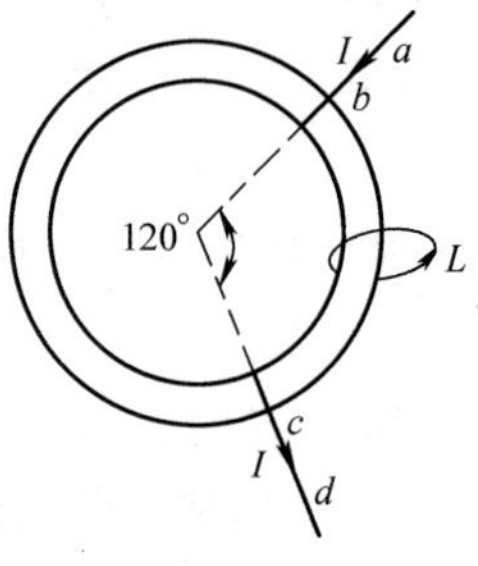

习题 6-2 图

6-3　习题 6-3 图为四个带电粒子在 O 点沿相同方向垂直于磁感线射入均匀磁场后的偏转轨迹的照片。磁场方向垂直纸面向外，轨迹所对应的四个粒子的质量相等，电荷大小也相等，则其中动能最大的带负电的粒子的轨迹是：

（A）Oa；　　（B）Ob；

（C）Oc；　　（D）Od。　　[C]

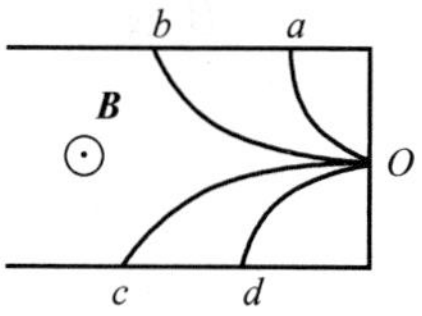

习题 6-3 图

6-4　在匀强磁场中，有两个平面线圈，其面积 $A_1 = 2A_2$，通有电流 $I_1 = 2I_2$，它们所受的最大磁力矩之比 M_1/M_2 等于：

（A）1；　　（B）2；

（C）4；　　（D）1/4。　　[C]

6-5　如习题 6-5 图，无限长直导线在 P 处弯成半径为 R 的圆，当通以电流 I 时，则在圆心 O 点的磁感应强度大小等于：

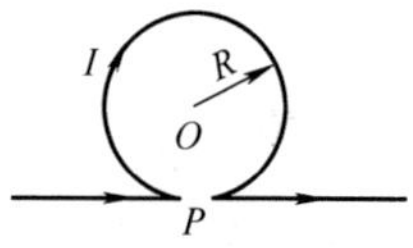

习题 6-5 图

（A）$\dfrac{\mu_0 I}{2\pi R}$；　　（B）$\dfrac{\mu_0 I}{4R}$；

（C）0；　　（D）$\dfrac{\mu_0 I}{2R}\left(1-\dfrac{1}{\pi}\right)$；

（E）$\dfrac{\mu_0 I}{4R}\left(1+\dfrac{1}{\pi}\right)$。　　[D]

6-6　有一半径为 R 的单匝圆线圈，通以电流 I，若将该导线弯成匝数 $N = 2$ 的平面圆线圈，导线长度不变，并通以同样的电流，则线圈中心的磁感应强度和线圈的磁矩分别是原来的：

（A）4 倍和 1/8；　　（B）4 倍和 1/2；

（C）2 倍和 1/4；　　（D）2 倍和 1/2。　　[B]

6-7　有一无限长通电流的扁平铜片，宽度为 a，厚度不计，电流 I 在铜片上均匀分布，在铜片外与铜片共面，离铜片右边缘距离为 b 处的 P 点（如习题 6-7 图）的磁感应强度 $\boldsymbol{B}$ 的大小为：　　[B]

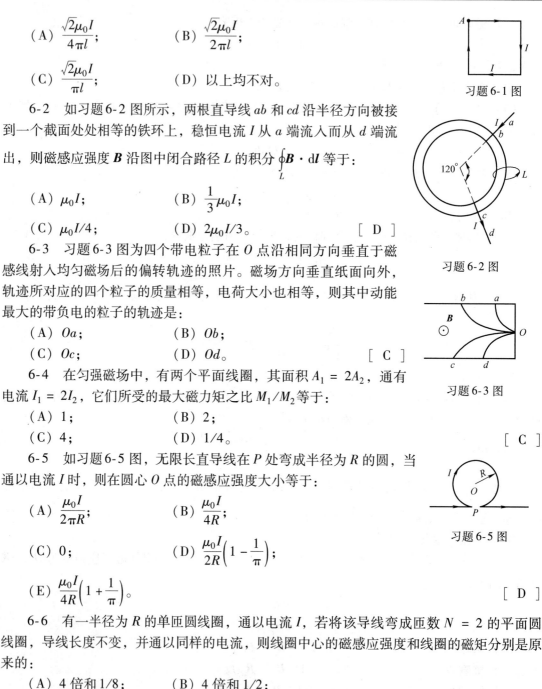

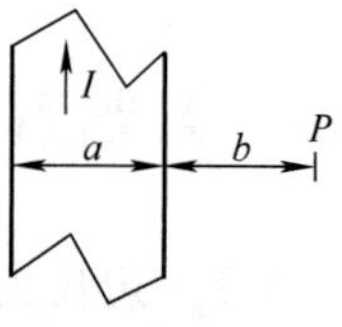

习题 6-7 图

（A）$\dfrac{\mu_0 I}{2\pi(a+b)}$；　　（B）$\dfrac{\mu_0 I}{2\pi a}\ln\dfrac{a+b}{b}$；

（C）$\dfrac{\mu_0 I}{2\pi b}\ln\dfrac{a+b}{b}$；　　　（D）$\dfrac{\mu_0 I}{\pi(a+2b)}$。

6-8　一磁场的磁感应强度为 $\boldsymbol{B}=a\boldsymbol{i}+b\boldsymbol{j}+c\boldsymbol{k}$（SI），则通过一半径为 R，开口向 z 轴正方向的半球壳表面的磁通量的大小为________ Wb。

答案：$\pi R^2 c$

6-9　如习题 6-9 图所示，在宽度为 d 的导体薄片上有电流 I 沿此导体长度方向流过，电流在导体宽度方向均匀分布。导体外在导体中线附近处 P 点的磁感应强度 $\boldsymbol{B}$ 的大小为________________。

答案：$\mu_0 I/(2d)$

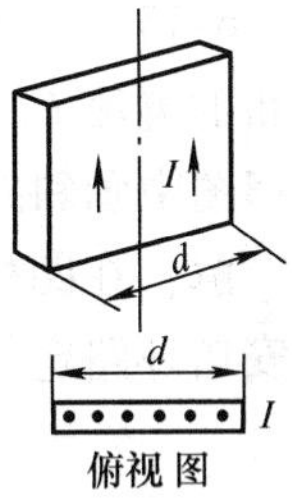

习题 6-9 图

6-10　在阴极射线管的上方放置一根载流直导线，导线平行于射线管轴线，电流方向如习题 6-10 图所示，阴极射线向什么方向偏转？当电流 I 反向后，结果又将如何？

答：电流产生的磁场在射线管内是指向纸面内的，由 $\boldsymbol{F}=-e\boldsymbol{v}\times\boldsymbol{B}$ 知，阴极射线（即电子束）将向下偏转。

答案：当电流反方向时，阴极射线将向上偏转。

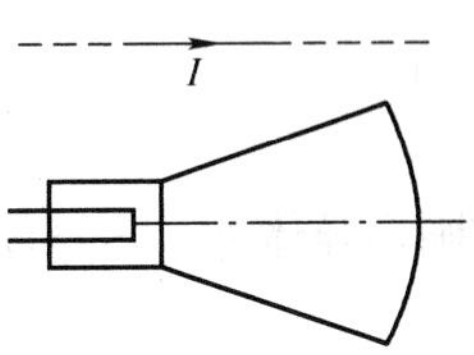

习题 6-10 图

6-11　一无限长载流直导线，通有电流 I，弯成如习题 6-11 图所示形状。设各线段皆在纸面内，则 P 点磁感应强度 $\boldsymbol{B}$ 的大小为________。

答案：$B=\dfrac{3\mu_0 I}{8\pi a}$

6-12　如习题 6-12 图所示，用均匀细金属丝弯成一半径为 R 的圆环 C，电流 I 由导线 1 流入圆环 A 点，并由圆环 B 点流入导线 2。设导线 1 和导线 2 与圆环共面，则环心 O 处的磁感应强度大小为________，方向________。

答案：$\mu_0 I/(4\pi R)$；垂直纸面向内

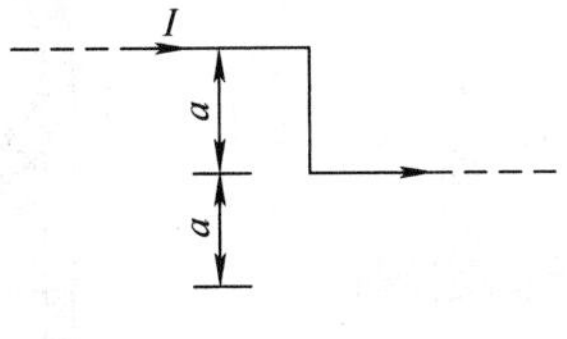

习题 6-11 图

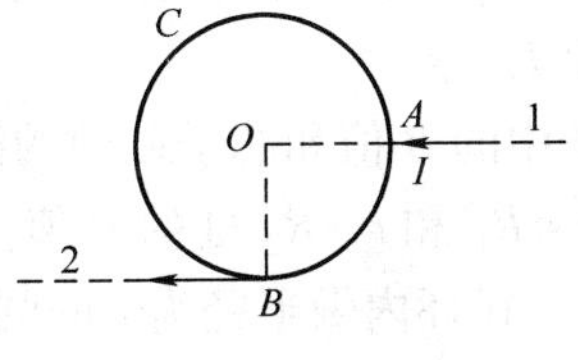

习题 6-12 图

6-13　氢原子中，电子绕原子核沿半径为 r 的圆周运动，它等效于一个圆形电流。如果外加一个磁感应强度为 B 的磁场，其磁感线与轨道平面平行，那么这个圆电流所受的磁力矩的大小 M =________。（设电子质量为 m_e，电子电荷的绝对值为 e）

答案：$\dfrac{e^2 B}{4}\sqrt{\dfrac{r}{\pi\varepsilon_0 m_e}}$

6-14　习题 6-14 图所示为三种不同的磁介质的 $B-H$ 关系曲线，其中虚线表示的是 $B=\mu_0 H$ 的关系。说明 a、b、c 各代表哪一类磁介质的 $B-H$ 关系曲线：

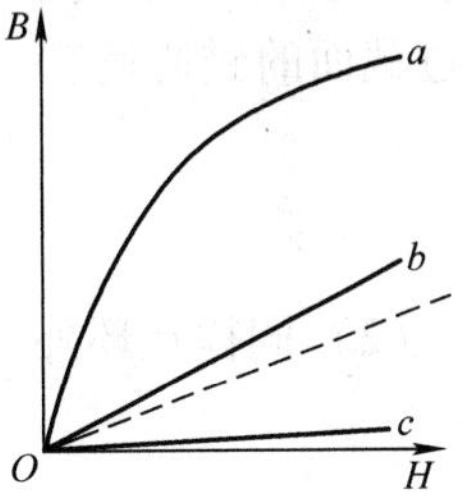

习题 6-14 图

a 代表＿＿＿＿＿＿＿＿＿＿＿的 $B-H$ 关系曲线；

b 代表＿＿＿＿＿＿＿＿＿＿＿的 $B-H$ 关系曲线；

c 代表＿＿＿＿＿＿＿＿＿＿＿的 $B-H$ 关系曲线。

答案：铁磁质；顺磁质；抗磁质

6-15　一无限长圆柱形铜导体（磁导率 μ_0），半径为 R，通有均匀分布的电流 I。今取一矩形平面 S（长为 1m，宽为 $2R$），位置如习题 6-15图中画斜线部分所示，求通过该矩形平面的磁通量。

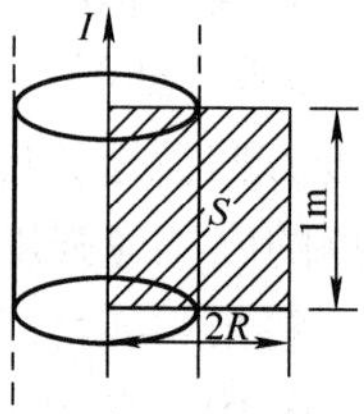

习题 6-15 图

解：在圆柱体内部与导体中心轴线相距为 r 处的磁感强度的大小，由安培环路定律可得

$$B=\frac{\mu_0 I}{2\pi R^2}r \qquad (r\leqslant R)$$

因而，穿过导体内画斜线部分平面的磁通 Φ_1 为

$$\Phi_1 = \int \boldsymbol{B}\cdot \mathrm{d}\boldsymbol{S} = \int B\mathrm{d}S = \int_0^R \frac{\mu_0 I}{2\pi R^2} r\mathrm{d}r = \frac{\mu_0 I}{4\pi}$$

在圆形导体外，与导体中心轴线相距 r 处的磁感强度大小为

$$B=\frac{\mu_0 I}{2\pi r} \qquad (r>R)$$

因而，穿过导体外画斜线部分平面的磁通 Φ_2 为

$$\Phi_2 = \int \boldsymbol{B}\cdot \mathrm{d}\boldsymbol{S} = \int_R^{2R} \frac{\mu_0 I}{2\pi r}\mathrm{d}r = \frac{\mu_0 I}{2\pi}\ln 2$$

穿过整个矩形平面的磁通量　$\Phi=\Phi_1+\Phi_2=\dfrac{\mu_0 I}{4\pi}+\dfrac{\mu_0 I}{2\pi}\ln 2$

6-16　横截面为矩形的环形螺线管如习题 6-16 图所示，圆环内外半径分别为 R_1 和 R_2，芯子材料的磁导率为 μ，导线总匝数为 N，绕得很密，若线圈通电流 I，求：

（1）芯子中的 B 值和芯子截面的磁通量；

（2）在 $r<R_1$ 和 $r>R_2$ 处的 B 值。

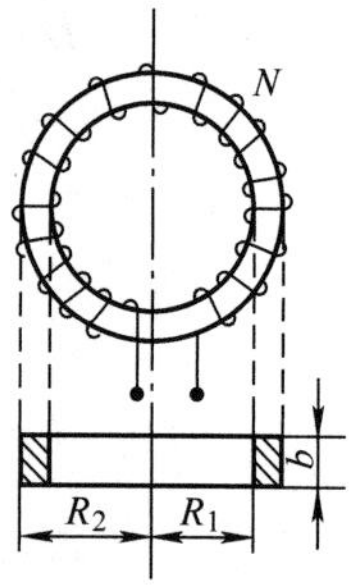

习题 6-16 图

解：（1）　在环内做半径为 r 的圆形回路，由安培环路定理得

$$B\cdot 2\pi r=\mu NI, \qquad B=\mu NI/(2\pi r)$$

在 r 处取微小截面 $\mathrm{d}S=b\mathrm{d}r$，通过此小截面的磁通量

$$\mathrm{d}\Phi=B\mathrm{d}S=\frac{\mu NI}{2\pi r}b\mathrm{d}r$$

穿过截面的磁通量

$$\Phi = \int_S B\mathrm{d}S = \frac{\mu NI}{2\pi r}b\mathrm{d}r = \frac{\mu NIb}{2\pi}\ln\frac{R_2}{R_1}$$

（2）同样在环外（ $r<R_1$ 和 $r>R_2$）做圆形回路，由于 $\sum I_i = 0$

$$B\cdot 2\pi r=0$$

所以

$$B=0$$

6-17　将通有电流 $I=5.0\text{A}$ 的无限长导线折成如习题 6-17 图形状，已知半圆环的半径 $R=0.10\text{m}$，求圆心 O 点的磁感强度。

$(\mu_0=4\pi\times10^{-7}\ \text{H}\cdot\text{m}^{-1})$

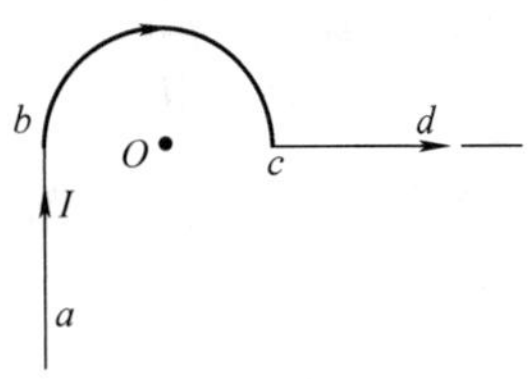

习题 6-17 图

解：O 处总磁感强度 $B=B_{ab}+B_{bc}+B_{cd}$，方向垂直指向纸里

而 $$B_{ab}=\frac{\mu_0 I}{4\pi a}(\sin\beta_2-\sin\beta_1)$$

因为 $$\beta_2=0,\ \beta_1=-\frac{1}{2}\pi,\ a=R$$

所以 $$B_{ab}=\mu_0 I/(4\pi R)$$

又 $$B_{bc}=\mu_0 I/(4R)$$

因 O 在 cd 延长线上 $$B_{cd}=0$$

因此 $$B=\frac{\mu_0 I}{4\pi R}+\frac{\mu_0 I}{4R}=2.1\times10^{-5}\ \text{T}$$

6-18　如习题 6-18 图所示，有一密绕平面螺旋线圈，其上通有电流 I，总匝数为 N，它被限制在半径为 R_1 和 R_2 的两个圆周之间。求此螺旋线中心 O 处的磁感强度。

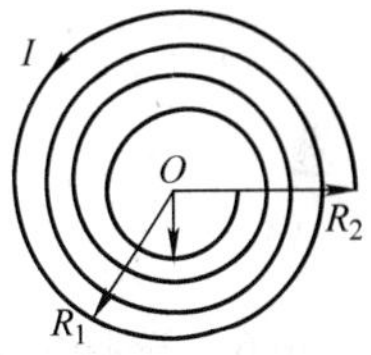

习题 6-18 图

解：以 O 为圆心，在线圈所在处作一半径为 r 的圆。则在 r 到 $r+\text{d}r$ 的圈数为

$$\frac{N}{R_2-R_1}\text{d}r$$

由圆电流公式得 $$\text{d}B=\frac{\mu_0 N I\text{d}r}{2r(R_2-R_1)}$$

$$B=\int_{R_1}^{R_2}\frac{\mu_0 N I\text{d}r}{2r(R_2-R_1)}=\frac{\mu_0 N I}{2(R_2-R_1)}\ln\frac{R_2}{R_1}$$

方向⊙。

6.3　恒定电流的稳恒磁场章节训练

1. 选择题

6-1　一无限长载流导线，弯成如选择题 6-1 图所示的形状，其中 $ABCD$ 段在 xOy 平面内，BCD 弧是半径为 R 的半圆弧，DE 段平行于 Oz 轴，则圆心处的磁感应强度：　[　　]

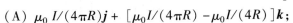

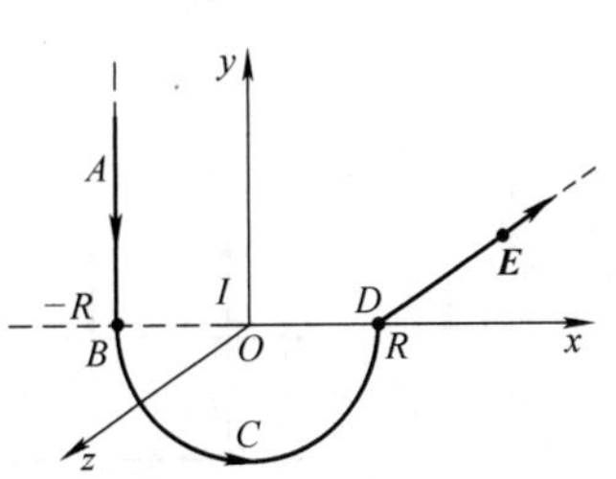

选择题 6-1 图

(A) $\mu_0 I/(4\pi R)\boldsymbol{j}+[\mu_0 I/(4\pi R)-\mu_0 I/(4R)]\boldsymbol{k}$；

(B) $\mu_0 I/(4\pi R)\boldsymbol{j}-[\mu_0 I/(4\pi R)+\mu_0 I/(4R)]\boldsymbol{k}$；

(C) $\mu_0 I/(4\pi R)\boldsymbol{j}+[\mu_0 I/(4\pi R)+\mu_0 I/(4R)]\boldsymbol{k}$；

(D) $\mu_0 I/(4\pi R)\boldsymbol{j}-[\mu_0 I/(4\pi R)-\mu_0 I/(4R)]\boldsymbol{k}$。

6-2　如选择题 6-2 图，在圆心处的磁感应强度大小为：　[　　]

(A) $\dfrac{\mu_0 I}{4\pi R}+\dfrac{3\mu_0 I}{8R}$；　(B) $\dfrac{\mu_0 I}{2\pi R}+\dfrac{3\mu_0 I}{8R}$；　(C) $\dfrac{\mu_0 I}{4\pi R}-\dfrac{3\mu_0 I}{8R}$。

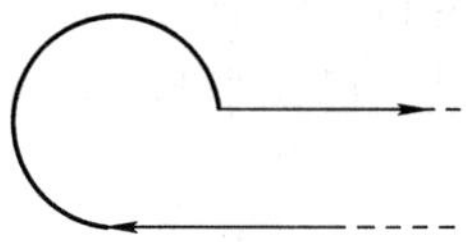
选择题 6-2 图

6-3　对于某一回路 l，积分 $\oint_l \boldsymbol{B}\cdot \mathrm{d}\boldsymbol{l}$ 等于零，则可以断定：　[　　]

(A) 回路 l 内一定有电流；　(B) 回路 l 内可能有电流；

(C) 回路 l 内一定无电流；　(D) 回路 l 内可能有电流，但代数和为零。

6-4　载流圆形线圈（半径为 R）与正方形线圈（边长为 a）通有相同电流，若两线圈中心的 B 大小相等，则半径 R 与边长 a 的比值为：　[　　]

(A) 1∶1；　(B) $\sqrt{2}\pi$∶4；　(C) $\sqrt{2}\pi$∶6；(D) $\sqrt{2}\pi$∶8。

6-5　两个半径为 R 的相同金属环相互垂直放置，两接触点都绝缘，通过相等的电流，电流方向如选择题 6-5 图，真空时，环心 O 处磁感应强度 $\boldsymbol{B}$ 的为：

(A) $\dfrac{\mu_0 I}{2R}$；　(B) $\dfrac{\mu_0 I^2}{2R}$；

(C) $\dfrac{\sqrt{2}\mu_0 I}{2R}$；　(D) $\dfrac{\sqrt{2}\mu_0 I^2}{2R}$。　[　　]

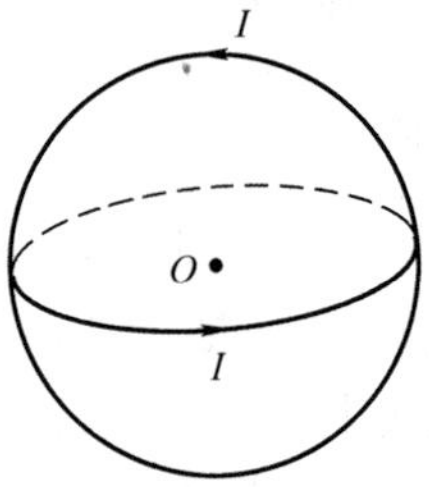

选择题 6-5 图

6-6　选择题 6-6 图中，6 根无限长导线互相绝缘，通过电流均为 I，区域Ⅰ、Ⅱ、Ⅲ、Ⅳ均为相等的正方形，哪一个区域指向纸内的磁通量最大？

(A) Ⅰ区域；　(B) Ⅱ区域；　(C) Ⅲ区域；(D) Ⅳ区域；

(E) 最大不止一个。　[　　]

6-7　如选择题 6-7 图所示，一长直载流为 I 的导线与一矩形线圈共面，且距 CD 为 a，距 EF 为 b，则穿过此矩形单匝线圈的磁通量的大小为：

(A) $\dfrac{\mu_0 I}{2\pi}\ln\dfrac{b}{a}$；　(B) $\dfrac{\mu_0 IL}{2\pi}\ln\dfrac{b}{a}$；

(C) $\dfrac{\mu_0 IL}{2\pi a}\ln\dfrac{b}{a}$；　(D) $\dfrac{\mu_0 IL}{4\pi a}\ln\dfrac{b}{a}$。　[　　]

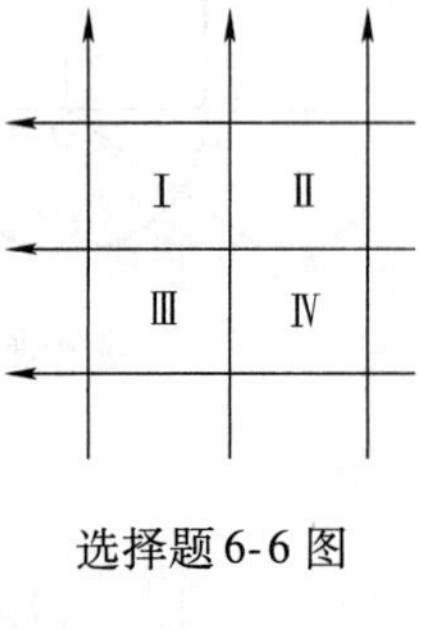

选择题 6-6 图

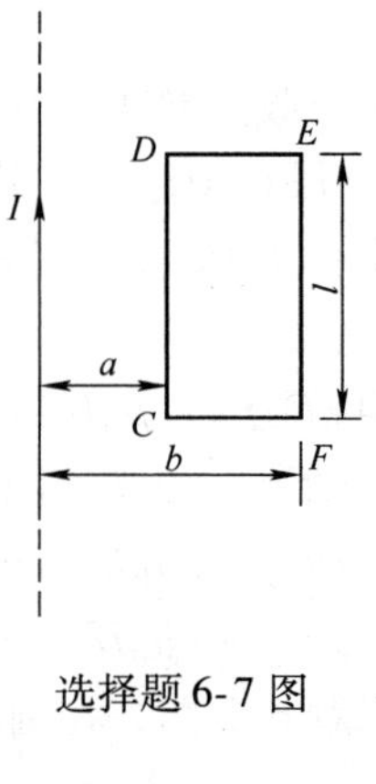

选择题 6-7 图

2. 填空题

6-1　真空中有两根无限长载流直导线，电流大小为 I_1、I_2，方向均垂直纸面，如填空题 6-1 图所示，一以 I_1 为圆心的圆形环路 L 包围电流 I_1，在环路 L 上，$\boldsymbol{B}$ 的大小为________（填变量，常量，0），$\boldsymbol{B}$ 沿环路 L 绕顺时针方向的线积分 $\oint_L \boldsymbol{B}\cdot \mathrm{d}\boldsymbol{l}=$ ________。

6-2　如填空题 6-2 图所示，真空中有两圆形电流 I_1 和 I_2 和三个环路 $L_1L_2L_3$，则安培环路定律的表达式为 $\oint_{L_1} \boldsymbol{B}\cdot \mathrm{d}\boldsymbol{l}=$ ____________，$\oint_{L_2} \boldsymbol{B}\cdot \mathrm{d}\boldsymbol{l}=$ ____________，$\oint_{L_3} \boldsymbol{B}\cdot \mathrm{d}\boldsymbol{l}=$ ____________。

6-3　一电子在 $B=2\times10^{-3}\mathrm{T}$ 的磁场中沿半径为 $R=2\times10^{-2}\mathrm{m}$、螺距为 $h=5.0\times10^{-2}\mathrm{m}$ 的螺旋运动，如填空题 6-3 图所示，则磁场的方向____________，电子速度大小为____________。

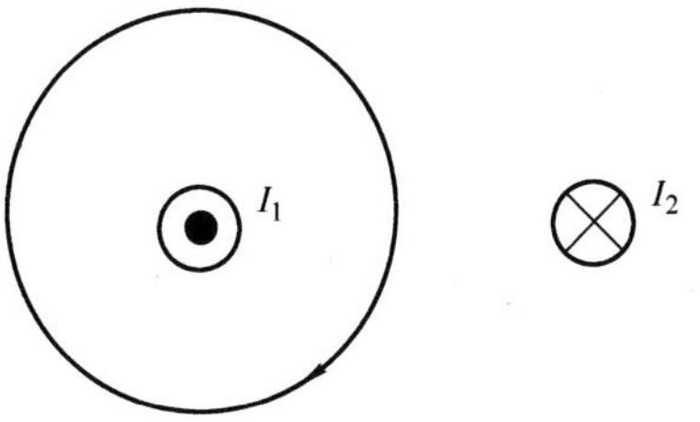

填空题 6-1 图

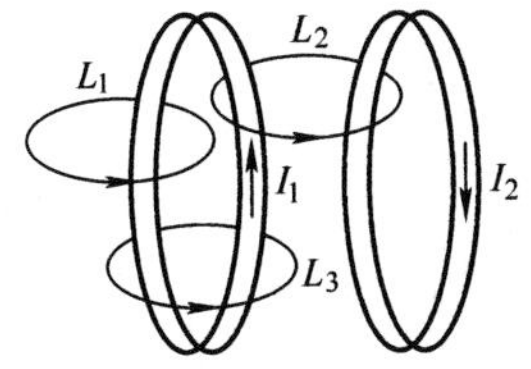

填空题 6-2 图

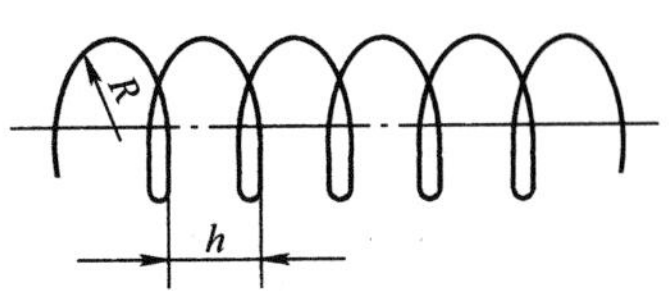

填空题 6-3 图

6-4　磁场中某点处的磁感应强度 $\boldsymbol{B}=0.40\boldsymbol{i}-0.20\boldsymbol{j}(\mathrm{T})$，一电子以速度 $\boldsymbol{v}=0.50\times10^6\boldsymbol{i}+1.0\times10^6\boldsymbol{j}(\mathrm{m/s})$ 通过该点，则作用于该电子上的磁场力 $\boldsymbol{F}=$ ____________。

3. 计算题

6-1　用两根彼此平行的半无限长 L_1、L_2 的导线把半径为 R 的均匀导体圆环连接到电源上，如计算题 6-1 图所示。已知直导线上的电流为 I，求圆环中心 O 点的磁感应强度。

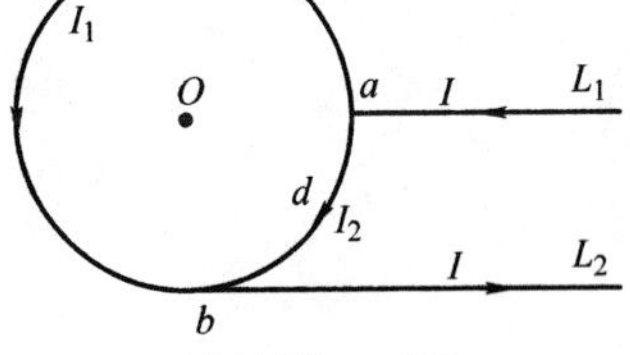

计算题 6-1 图

6-2　一无限长载流导线，弯成如计算题 6-2 图所示的形状，求其圆心 O 处的磁感应强度。

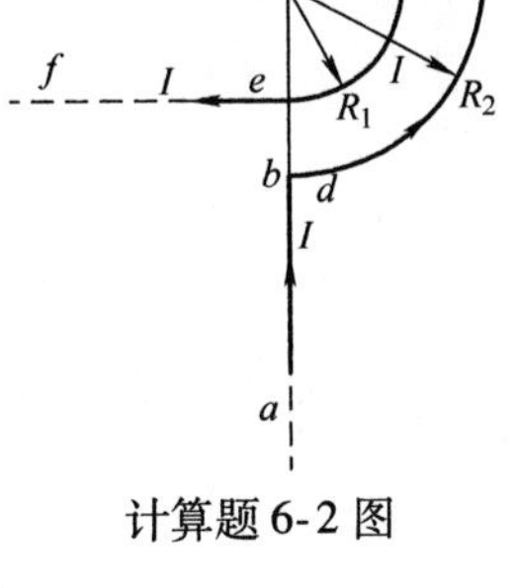

计算题 6-2 图

6-3　如计算题6-3图所示，在无限长导线旁有一矩形导线线圈 $ABCD$，无限长直导线中通有电流 I_1，线圈中通有电流 I_2。

求：(1) I_1产生的且通过矩形导线线圈面积的磁通量；(2) 矩形导线线圈上四条边在无限长直导线磁场中的磁场力分别为多少？矩形导线线圈受到的合力为多少？

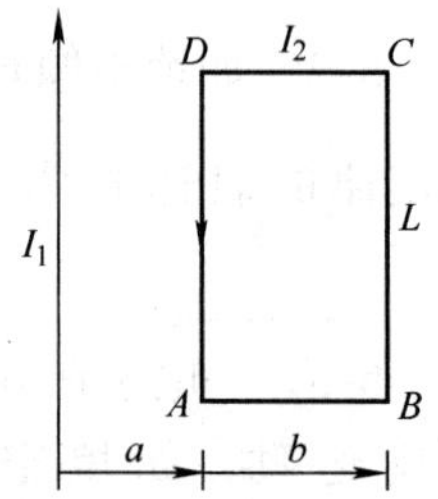

计算题6-3图

第 7 章　变换的电磁场

本章内容与教材第 7 章内容相对应。

7.1　学习要点与重要公式

1. 法拉第电磁感应定律

法拉第由实验总结出，导体回路中产生的感应电动势的大小与穿过回路的磁通量的变化率成正比，即

$$\mathscr{E}_{\mathrm{i}} = -\frac{\mathrm{d}\boldsymbol{\Phi}_{\mathrm{m}}}{\mathrm{d}t}$$

式中，负号反映感应电动势的方向，可由楞次定律（或回路方法）判定。

如果回路密绕 N 匝线圈，那么通过 N 匝线圈的磁通链数为 $\boldsymbol{\Psi}_{\mathrm{m}} = N\boldsymbol{\Phi}_{\mathrm{m}}$，于是 N 匝线圈中产生的感应电动势为

$$\mathscr{E}_{\mathrm{i}} = -\frac{\mathrm{d}\boldsymbol{\Psi}_{\mathrm{m}}}{\mathrm{d}t} = -N\frac{\mathrm{d}\boldsymbol{\Phi}_{\mathrm{m}}}{\mathrm{d}t}$$

2. 楞次定律

闭合回路中感应电流的方向总是企图使感应电流本身所产生的通过回路所包围面积的磁通量，去补偿或反抗引起感应电流的磁通量的改变。

3. 感应电动势的类型

（1）动生电动势　磁场不变，由于导体在磁场中运动而产生的感应电动势称为动生电动势。产生动生电动势的非静电力为洛伦兹力。其计算方法有两种：

① $\mathscr{E}_{\mathrm{i}} = \int_L (\boldsymbol{v} \times \boldsymbol{B}) \cdot \mathrm{d}\boldsymbol{l}$, 方向为 $\boldsymbol{v} \times \boldsymbol{B}$；

② $\mathscr{E}_{\mathrm{i}} = -\mathrm{d}\boldsymbol{\Phi}_{\mathrm{m}}/\mathrm{d}t$, 方向由楞次定律判定。

（2）感生电动势　导体不动，由于磁场的变化而产生的感应电动势称为感生电动势。产生感生电动势的非静电力为感生电场力。其计算方法也有两种：

① $\mathscr{E}_{\mathrm{i}} = \int_L \boldsymbol{E}_{\mathrm{r}} \cdot \mathrm{d}\boldsymbol{l}$；

② $\mathscr{E}_{\mathrm{i}} = -\mathrm{d}\boldsymbol{\Phi}_{\mathrm{m}}/\mathrm{d}t$, 方向由楞次定律判定。

特别要注意的是，当导体在磁场中运动和磁场的变化都存在时，导体同时存在动生电动势和感生电动势，即

$$\mathscr{E}_{\mathrm{i}} = \int_L (\boldsymbol{v} \times \boldsymbol{B}) \cdot \mathrm{d}\boldsymbol{l} + \int_L \boldsymbol{E}_{\mathrm{r}} \cdot \mathrm{d}\boldsymbol{l} = -\frac{\mathrm{d}\boldsymbol{\Phi}_{\mathrm{m}}}{\mathrm{d}t}$$

（3）自感电动势　由于线圈中电流变化而在线圈本身产生的电动势称为自感电动势，其计算方法为

$$\mathscr{E}_{\mathrm{i}} = -L\frac{\mathrm{d}I}{\mathrm{d}t}$$

式中，负号反映自感电动势的方向，由楞次定律判定，即当电流增大时，自感电动势的方向与电流方向相反；当电流减小时，自感电动势的方向与电流方向相同。而比例系数 L 称为线圈的自感，可以通过以下方法计算：

① $L = \dfrac{\Psi_{\mathrm{m}}}{I}$；

② $L = -\dfrac{\mathscr{E}_{\mathrm{i}}}{\mathrm{d}I/\mathrm{d}t}$；

③ $L = \dfrac{2W_{\mathrm{m}}}{I^2}$（$W_{\mathrm{m}}$ 是与自感相联系的磁场能量）。

（4）互感电动势　相邻两线圈，其中一线圈的电流变化，在邻近线圈中产生的感应电动势称为互感电动势，其计算方法有两种：

① $\mathscr{E}_{21} = -M\dfrac{\mathrm{d}I_1}{\mathrm{d}t}$，$\mathscr{E}_{12} = -M\dfrac{\mathrm{d}I_2}{\mathrm{d}t}$；

② $\mathscr{E}_{21} = -\dfrac{\mathrm{d}\Psi_{\mathrm{m21}}}{\mathrm{d}t}$，$\mathscr{E}_{12} = -\dfrac{\mathrm{d}\Psi_{\mathrm{m12}}}{\mathrm{d}t}$。

式中，Ψ_{m21}为线圈 1 中的电流在线圈 2 中激起的磁通链数；Ψ_{m12}为线圈 2 的电流在线圈 1 中激起的磁通链数。

（5）互感 M　可由以下两种方法得出：

① $M = \dfrac{\Psi_{\mathrm{m21}}}{I_1} = \dfrac{\Psi_{\mathrm{m12}}}{I_2}$；

② $M = -\dfrac{\mathscr{E}_{21}}{\mathrm{d}I_1/\mathrm{d}t} = -\dfrac{\mathscr{E}_{12}}{\mathrm{d}I_2/\mathrm{d}t}$。

4. 磁场的能量

（1）自感储存的能量　$W_{\mathrm{m}} = \dfrac{1}{2}LI^2$

（2）磁场能量密度　$w_{\mathrm{m}} = \dfrac{1}{2}\dfrac{B^2}{\mu} = \dfrac{1}{2}BH$

（3）磁场能量　$W_{\mathrm{m}} = \int_V w_{\mathrm{m}}\mathrm{d}V = \int_V \dfrac{1}{2}BH\mathrm{d}V$

5. 麦克斯韦的两个基本假设

（1）感生电场假设

① 变化的磁场产生感生电场，即　$\dfrac{\partial \boldsymbol{B}}{\partial t} \rightarrow \boldsymbol{E}_{\mathrm{r}}$

② 感生电场的高斯定理与安培环路定理

$$\oint_S \boldsymbol{E}_{\mathrm{r}} \cdot \mathrm{d}\boldsymbol{S} = 0, \oint_L \boldsymbol{E}_{\mathrm{r}} \cdot \mathrm{d}\boldsymbol{l} = -\int_S \frac{\partial \boldsymbol{B}}{\mathrm{d}t} \cdot \mathrm{d}\boldsymbol{S}$$

说明感生电场是无源非保守场，感生电场线为无头无尾的闭合曲线。

$\dfrac{\partial \boldsymbol{B}}{\partial t}$与 $\boldsymbol{E}_{\mathrm{r}}$ 方向符合左手螺旋法则，如图 1 所示。

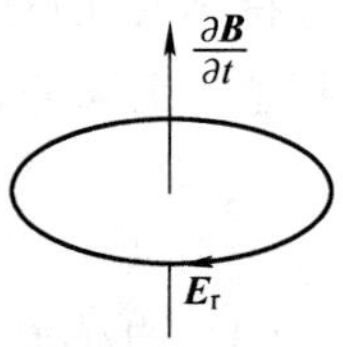

图　7-1

（2）位移电流假设

① 变化的电场产生感生磁场，即　$\frac{\partial \boldsymbol{D}}{\partial t} \to \boldsymbol{B}_r$

② 感生磁场的高斯定理与安培环路定理

$$\oint_S \boldsymbol{B}_r \cdot d\boldsymbol{S} = 0,\ \oint_L \boldsymbol{H}_r \cdot d\boldsymbol{l} = \int_S \frac{\partial \boldsymbol{D}}{\partial t} \cdot d\boldsymbol{S}$$

说明感生磁场为无源非保守场，感生磁感应线为无头无尾的闭合曲线。

$\boldsymbol{B}_r$ 与$\frac{\partial \boldsymbol{D}}{\partial t}$方向满足右手螺旋法则，如图 2 所示。

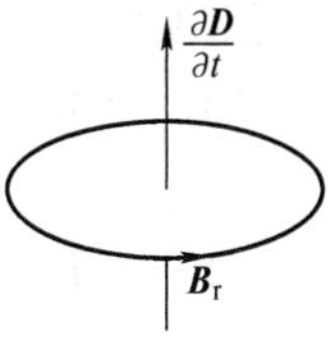

图　7-2

6. 位移电流与位移电流密度

（1）位移电流　$I_d = \frac{d\Phi_D}{dt}$

（2）位移电流密度　$\boldsymbol{j}_d = \frac{d\boldsymbol{D}}{dt}$

7. 麦克斯韦方程组

$$\begin{cases} \oint_S \boldsymbol{D} \cdot d\boldsymbol{S} = \sum_{i-1}^{n} q_i \\ \oint_S \boldsymbol{B} \cdot d\boldsymbol{S} = 0 \\ \oint_L \boldsymbol{E} \cdot d\boldsymbol{l} = -\int \frac{\partial \boldsymbol{B}}{\partial t} \cdot d\boldsymbol{S} \\ \oint_L \boldsymbol{H} \cdot d\boldsymbol{l} = \sum_{i=1}^{n} I_i + \int \frac{\partial \boldsymbol{D}}{dt} \cdot d\boldsymbol{S} \end{cases}$$

8. 电磁波

（1）电磁波的性质

① $\boldsymbol{E}$、$\boldsymbol{H}$ 相互垂直且均与传播方向垂直，说明电磁波是横波；

② $\boldsymbol{E}$、$\boldsymbol{H}$ 量值做位相相同的变化，其瞬时关系为$\sqrt{\varepsilon}E = \sqrt{\mu}H$；

③ 电磁波的传播速度为 $v = \frac{1}{\sqrt{\varepsilon\mu}}$，对真空中 $c = \frac{1}{\sqrt{\varepsilon_0\mu_0}} \approx 3 \times 10^8 \mathrm{m/s}$。

（2）电磁波的能量

① 能量密度　$w = w_e + w_m = \frac{1}{2}DE + \frac{1}{2}BH$

② 能流密度（坡印廷矢量）

$$\boldsymbol{S} = \boldsymbol{E} \times \boldsymbol{H}$$

$\boldsymbol{S}$ 与 $\boldsymbol{E}$、$\boldsymbol{H}$ 满足右手螺旋法则，如图 7-3 所示。

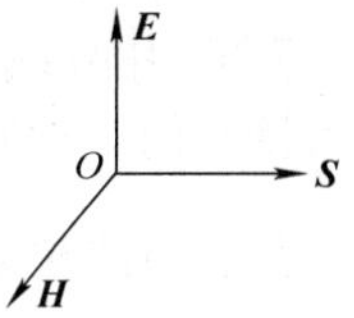

图　7-3

7.2　习题解答

7-1　如习题 7-1 图所示，矩形区域为均匀稳恒磁场，半圆形闭合导线回路在纸面内绕轴 O 做逆时针方向匀角速转动，O 点是圆心且恰好落在磁场的边缘上，半圆形闭合导线完全在磁场外时开始计时，图(A)—(D)的 $\varepsilon-t$ 函数图象中哪一条属于半圆形导线回路中产生的感应电动势？　[A]

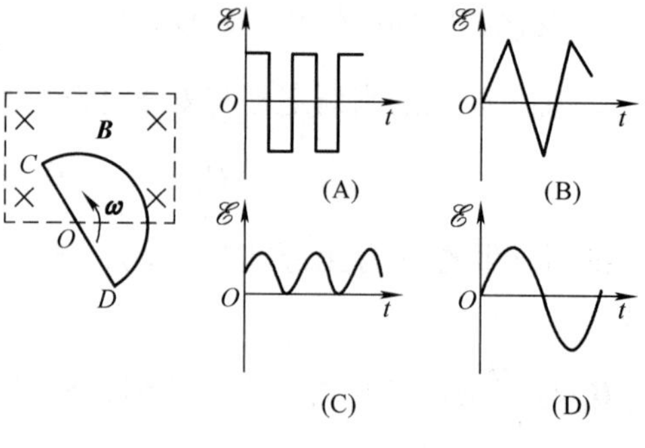

习题 7-1 图

7-2　将形状完全相同的铜环和木环静止放置，并使通过两环面的磁通量随时间的变化率相等，则不计自感时：

(A) 铜环中有感应电动势，木环中无感应电动势；

(B) 铜环中感应电动势大，木环中感应电动势小；

(C) 铜环中感应电动势小，木环中感应电动势大；

(D) 两环中感应电动势相等。　[D]

7-3　如图所示，导体棒 AB 在均匀磁场 B 中 绕通过 C 点的垂直于棒长且沿磁场方向的轴 OO'转动（角速度 $\boldsymbol{\omega}$ 与 $\boldsymbol{B}$ 同方向），BC 的长度为棒长的$\frac{1}{3}$，则：　[A]

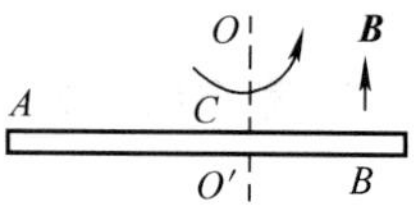

习题 7-3 图

(A) A 点比 B 点电势高；　(B) A 点与 B 点电势相等；

(C) A 点比 B 点电势低；　(D) 有稳恒电流从 A 点流向 B 点。

7-4　自感为 0.25H 的线圈中，当电流在(1/16)s 内由 2A 均匀减小到零时，线圈中自感电动势的大小为：

(A) 7.8×10^{-3}V；　(B) 3.1×10^{-2}V；

(C) 8.0V；　(D) 12.0V。　[C]

7-5　在感应电场中电磁感应定律可写成 $\oint_L \boldsymbol{E}_K\cdot d\boldsymbol{l}=-\frac{d\Phi}{dt}$，式中 $\boldsymbol{E}_K$ 为感应电场的电场强度，此式表明：

(A) 闭合曲线 L 上 $\boldsymbol{E}_K$ 处处相等；

(B) 感应电场是保守力场；

(C) 感应电场的电场强度线不是闭合曲线；

(D) 在感应电场中不能像对静电场那样引入电势的概念。　[D]

7-6　用导线制成一半径为 $r=10$cm 的闭合圆形线圈，其电阻 $R=10\Omega$，均匀磁场垂直于线圈平面。欲使电路中有一稳定的感应电流 $i=0.01$A，求 B 的变化率 dB/dt。

解：由法拉第电磁感应定律 $\mathscr{E}=\left|-\frac{d\Phi}{dt}\right|=S\frac{dB}{dt}=\pi r^2\frac{dB}{dt}$　①

又感应电流　$i=\frac{\mathscr{E}}{R}$　②

由①、②可得 $\frac{dB}{dt}=\frac{iR}{\pi r^2}=3.18$T/s

7-7　磁换能器常用来检测微小的振动。如习题 7-7 图所示，在振动杆的一端固接一个 N 匝的矩形线圈，线圈的一部分在匀强磁场 $\boldsymbol{B}$ 中，设杆的微小振动规律为：$x=A\cos\omega t$，求线圈随杆振动时，线圈中的感应电动势大小。

解：设某时刻处于磁场中的线圈长度为 x

则此时对应的磁通量可表示为：$\Phi = NBS = NBbx$

则有法拉第电磁感应定律有

$$\mathscr{E} = \left| -\frac{\mathrm{d}\Phi}{\mathrm{d}t} \right| = NB\frac{\mathrm{d}S}{\mathrm{d}t} = NBb\frac{\mathrm{d}x}{\mathrm{d}t}$$

可得该线圈的感应电动势大小为：$\mathscr{E} = NBbA\omega\sin\omega t$

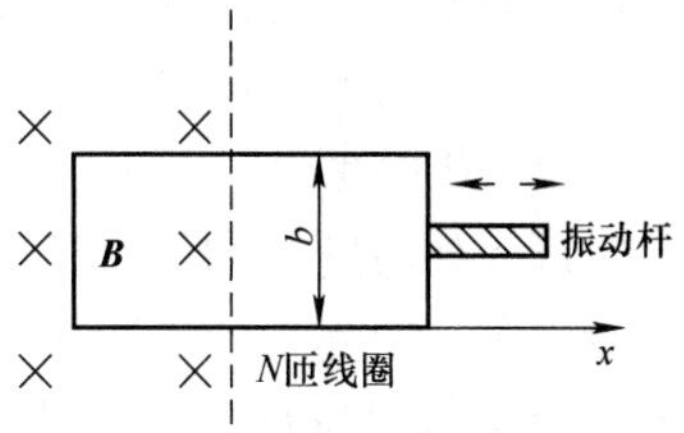

习题7-7图

7-8 如习题7-8图所示，aOc 为一折成∠形的金属导线（$aO = Oc = L$），位于 xy 平面中；磁感强度为 $\boldsymbol{B}$ 的匀强磁场垂直于 xy 平面。求：(1) 当 aOc 以速度 $\boldsymbol{v}$ 沿 x 轴正向运动时，导线上 a、c 两点间电势差 U_{ac}；(2) 当 aOc 以速度 $\boldsymbol{v}$ 沿 y 轴正向运动时，a、c 两点的电势差 U'_{ac}。

解：(1) 当 aOc 以速度 $\boldsymbol{v}$ 沿 x 轴正向运动时

对 Oa 段：切割磁感线运动产生动生电动势，且 $U_{aO} = \mathscr{E} = BLv\sin\theta$

对 Oc 段：没有动生电动势，即 O、c 两点等势。

故此时：　　$U_{ac} = U_{aO} = BLv\sin\theta$

(2) 当 aOc 以速度 $\boldsymbol{v}$ 沿 y 轴正向运动时

对 Oa 段：切割磁感线运动产生动生电动势，且 $U_{aO} = \mathscr{E} = BLv\cos\theta$

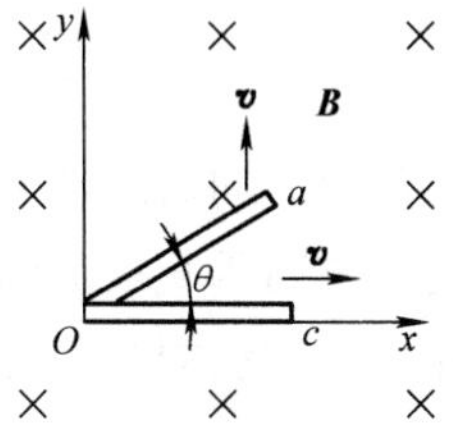

习题7-8图

对 Oc 段：切割磁感线运动产生动生电动势，且 $U_{cO} = \mathscr{E} = BLv$

故此时：　　$U_{ac} = BLv(1-\cos\theta)$

7-9 反映电磁场基本性质和规律的积分形式的麦克斯韦方程组为

$$\oint_S \boldsymbol{D}\cdot\mathrm{d}\boldsymbol{S} = \int_V \rho\,\mathrm{d}V \qquad ①$$

$$\oint_L \boldsymbol{E}\cdot\mathrm{d}\boldsymbol{l} = -\int_S \frac{\partial \boldsymbol{B}}{\partial t}\cdot\mathrm{d}\boldsymbol{S} \qquad ②$$

$$\oint_S \boldsymbol{B}\cdot\mathrm{d}\boldsymbol{S} = 0 \qquad ③$$

$$\oint_L \boldsymbol{H}\cdot\mathrm{d}\boldsymbol{l} = \iint_S \left(\boldsymbol{J} + \frac{\partial \boldsymbol{D}}{\partial t}\right)\cdot\mathrm{d}\boldsymbol{S} \qquad ④$$

试判断下列结论是包含于或等效于哪一个麦克斯韦方程式的，将你确定的方程式用代号填在相应结论后的空白处。

(1) 变化的磁场一定伴随有电场；________；

(2) 磁感线是无头无尾的；________；

(3) 电荷总伴随有电场。________。

答案：②；③；①

7-10 图习题7-10所示为一圆柱体的横截面，圆柱体内有一均匀电场 $\boldsymbol{E}$，其方向垂直纸面向内，$\boldsymbol{E}$ 的大小随时间 t 线性增加，P 为柱体内与轴线相距为 r 的一点则：

(1) P 点的位移电流密度的方向为________；

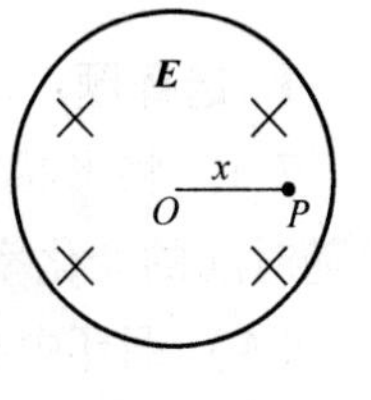

习题7-10图

（2）P 点感生磁场的方向为________。

答案：垂直纸面向里；

垂直 OP 连线向下

7-11　如习题7-11 图所示，一长直导线通有电流 I，其旁共面地放置一匀质金属梯形线框 $abcda$，已知：$da=ab=bc=L$，两斜边与下底边夹角均为60°，d 点与导线相距 l。今线框从静止开始自由下落 H 高度，且保持线框平面与长直导线始终共面，求：

（1）下落高度为 H 的瞬间，线框中的感应电流为多少？

（2）该瞬时线框中电势最高处与电势最低处之间的电势差为多少？

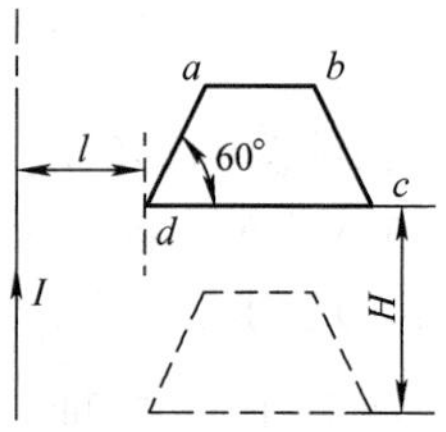

习题 7-11 图

答案：$I_i=0$；$\dfrac{\mu_0 I}{2\pi}\sqrt{2gH}\ln\dfrac{2L+l}{l}$

7-12　均匀磁场 B 被限制在半径 $R=10\text{cm}$ 的无限长圆柱空间内，方向垂直纸面向里。取一固定的等腰梯形回路 $abcd$，梯形所在平面的法向与圆柱空间的轴平行，位置如习题7-12 图所示。设磁感强度以 $\mathrm{d}B/\mathrm{d}t=1\text{T/s}$ 的匀速率增加，已知 $\theta=\dfrac{1}{3}\pi$，$\overline{Oa}=\overline{Ob}=6\text{cm}$，求等腰梯形回路中感生电动势的大小和方向。

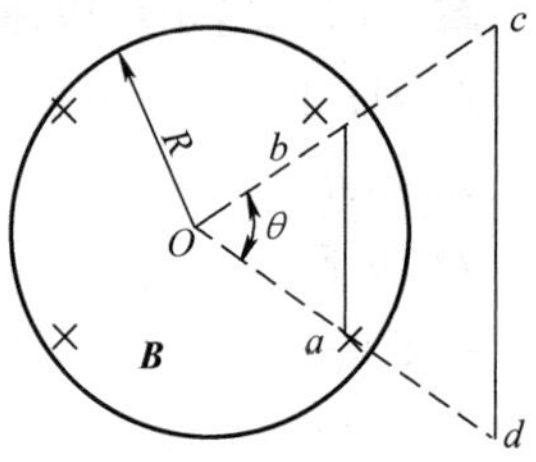

习题 7-12 图

解：大小：$\mathscr{E}_i=|\mathrm{d}\Phi/\mathrm{d}t|=S\mathrm{d}B/\mathrm{d}t$

$$=\left(\frac{1}{2}R^2\theta-\frac{1}{2}\overline{Oa}^2\cdot\sin\theta\right)\mathrm{d}B/\mathrm{d}t$$

$$=3.68\text{mV}$$

方向：沿 $adcb$ 绕向。

7-13　给电容为 C 的平行板电容器充电，电流为 $i=0.2\mathrm{e}^{-t}$（**SI**），$t=0$ 时电容器极板上无电荷。求：

（1）极板间电压 U 随时间 t 而变化的关系；

（2）t 时刻极板间总的位移电流 I_d（忽略边缘效应）。

解：（1）$U=\dfrac{q}{C}=\dfrac{1}{C}\displaystyle\int_0^t i\mathrm{d}t=-\dfrac{1}{C}\times0.2\,\mathrm{e}^{-t}\Big|_0^t=\dfrac{0.2}{C}(1-\mathrm{e}^{-t})$

（2）由全电流的连续性，得　$I_d=i=0.2\mathrm{e}^{-t}$

7.3　变换的电磁场章节训练

1. 选择题

7-1　将形状完全相同的铜环和木环静止放置在交变磁场中，并假设通过两环面的磁通量随时间的变化率相等，不计自感时则：　　[　　]

（A）铜环中有感应电流，木环中无感应电流；

（B）铜环中有感应电流，木环中有感应电流；

（C）铜环中感应电动势大，木环中感应电动势小；

（D）铜环中感应电动势小，木环中感应电动势大。

7-2　下列说法中正确的是：　［　　］

（A）变化着的电场所产生的磁场，一定随时间变化；

（B）变化着的磁场所产生的电场，一定随时间变化；

（C）有电流就有磁场，没电流就一定没有磁场；

（D）变化着的电场所产生的磁场，不一定随时间变化。

7-3　利用公式$\mathscr{E}=vBL$计算动生电动势的条件，指出下列叙述中的错误者：　［　　］

（A）直导线 L 不一定是闭合回路中的一段；

（B）切割速度 v 不一定必须（对时间）是常量；

（C）导线 L 不一定在匀强磁场中；

（D）B、L 和 v 三者必须互相垂直。

7-4　如选择题 7-4 图，圆铜盘水平放置在均匀磁场中，B 的方向垂直盘面向上，当铜盘绕通过中心垂直于盘面的轴沿图示方向转动时：　［　　］

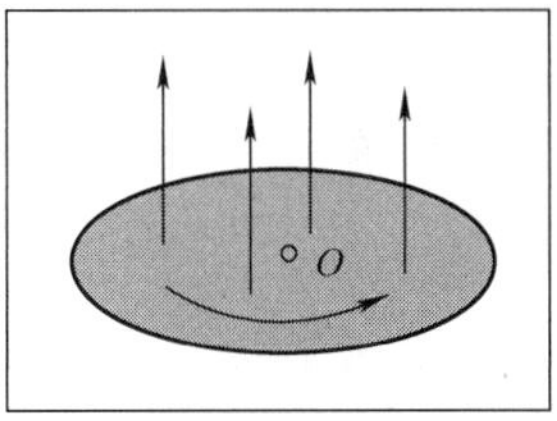

选择题 7-4 图

（A）铜盘上有感应电流产生，沿着铜盘转动的相反方向流动；

（B）铜盘上有感应电流产生，沿着铜盘转动的方向流动；

（C）铜盘上有感应电流产生，铜盘中心处电势最高；

（D）铜盘上有感应电流产生，铜盘边缘处电势最高。

2. 填空题

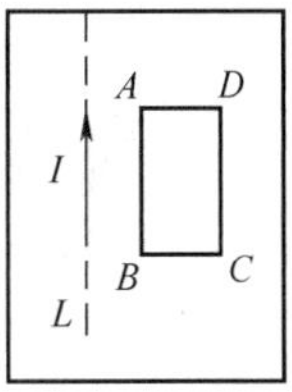

填空题 7-1 图

7-1　如填空题 7-1 图所示，在一长直导线 L 中通有恒定电流 I，$ABCD$ 为一矩形线圈，它与 L 皆在纸面内，且 AB 边与 L 平行。（1）矩形线圈在纸面内向右移动时，线圈中感应电流方向为______；（2）矩形线圈绕 AD 边旋转，当 BC 边离开纸面向外运动时，线圈中感应电流的方向为________。

7-2　如填空题 7-2 图所示，等边三角形的金属框边长为 l，放在均匀磁场中，ab 边平行于磁感强度 $\boldsymbol{B}$，当金属框绕 ab 边以角速度 ω 转动时，bc 边上沿 bc 的电动势大小为______，金属框内的总电动势为________。

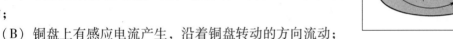

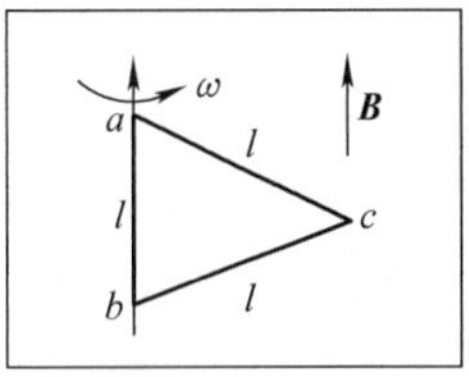

填空题 7-2 图

7-3　引起动生电动势的非静电力是______，其非静电场强度 $E_k=$____。

3. 计算题

7-1　如计算题 7-1 图所示，长直导线通以电流 $I=5\mathrm{A}$，在其右方放一长方形线圈，两者共面。线圈长 $b=0.06\mathrm{m}$，宽 $a=0.04\mathrm{m}$，线圈以速度 $v=0.03\mathrm{m/s}$ 垂直于直线平移远离。求 $d=0.05\mathrm{m}$ 时线圈中感应电动势的大小和方向。

7-2　如计算题 7-2 图，长度为 l 的金属杆 ab 以速率 v 在导电轨道 $abcd$ 上平行移动。已知导轨处于均匀磁场 $\boldsymbol{B}$ 中，$\boldsymbol{B}$ 的方向与回路的法线成 60°角，$\boldsymbol{B}$ 的大小为 $B=kt$（k 为正常数）。设 $t=0$ 时杆位于 cd 处，求任一时刻 t 导线回路中感应电动势的大小和方向。

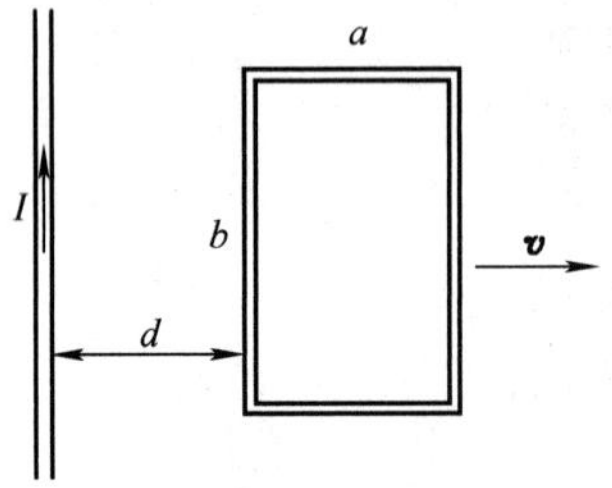

计算题 7-1 图

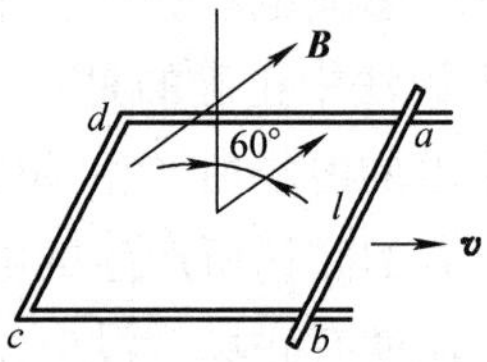

计算题 7-2 图

第 8 章　机械振动

本章内容与教材第 8 章内容相对应。

8.1　学习要点与重要公式

1. 简谐振动的判据

（1）动力学方程　$F = -kx$

（2）运动学特征

微分方程　$$\frac{d^2x}{dt^2} + \omega^2 x = 0$$

振动方程　$$x = A\cos(\omega t + \varphi)$$

上述三个特征中的任何一个均可作为判断一个物体是否做简谐振动的依据。

2. 描述简谐振动的物理参量

（1）位移 x　振子在任意时刻 t 相对于平衡位置的位移。

（2）频率 ν　单位时间内物体完成全振动的次数。

（3）周期 T　完成一次全振动所需的时间。且满足

$$T = \frac{2\pi}{\omega} = \frac{1}{\nu}$$

（4）振幅 A　振子离开平衡位置的最大位移的绝对值，其值由初始条件求得。当 $t = 0$ 时，有

$$x_0 = A\cos\varphi, \quad v_0 = -\omega A\sin\varphi$$

故

$$A = \sqrt{x_0^2 + \frac{v_0^2}{\omega^2}}$$

（5）相位（$\omega t + \varphi$）　决定振子在任一时刻 t 振动状态的物理量。

（6）初相位 φ　决定振子在 $t = 0$ 时刻振动状态的物理量，φ 可由以下两种方法求得。

① 由初始条件求得　当 $t = 0$ 时，$x_0 = A\cos\varphi$，$v_0 = -\omega A\sin\varphi$，有

$$\varphi = \arctan\left(-\frac{v_0}{\omega x_0}\right)$$

φ 的唯一值由初速度 $v_0 = -\omega A\sin\varphi$ 的正负来判定。

② 由旋转矢量法求得　以角速度 ω 沿逆时针方向匀速旋转的矢量 $\boldsymbol{A}$，其末端在 x 轴上的投影点的运动，即为简谐振动。

3. 简谐振动的速度和加速度

（1）速度　$$v = \frac{dx}{dt} = -A\omega\sin(\omega t + \phi) = A\omega\cos\left(\omega t + \varphi + \frac{\pi}{2}\right)$$

速度振幅为 $v_m = A\omega$，速度的相位比位移的相位超前 $\pi/2$。

（2）加速度 $a=\frac{\mathrm{d}v}{\mathrm{d}t}=-A\omega^2\cos(\omega t+\phi)=A\omega^2 cos(\omega t+\varphi+\pi)$

加速度振幅为 $a_m=A\omega^2$，其相位与位移相位相反。

4. 简谐振动系统的能量

（1）动能 $E_k=\frac{1}{2}mv^2=\frac{1}{2}m\omega^2A^2\sin^2(\omega t+\varphi)$

（2）势能 $E_p=\frac{1}{2}kx^2=\frac{1}{2}kA^2\cos^2(\omega t+\varphi)$

（3）机械能 $E=E_k+E_p=\frac{1}{2}m\omega^2A^2=\frac{1}{2}kA^2$

（4）平均动能和平均势能 $\bar{E}_k=\bar{E}_p=\frac{1}{4}kA^2$

5. 描述简谐振动合成的三种方法

（1）解析法　运用数学方法推得合振动的方程；

（2）振动图线法　根据振动曲线，作图合成；

（3）旋转矢量法　根据旋转矢量法合成。

6. 简谐振动的合成

（1）两个同方向、同频率简谐振动的合成

$$x=x_1+x_2=A_1\cos(\omega t+\varphi_1)+A_2\cos(\omega t+\varphi_2)=A\cos(\omega t+\varphi)$$

其中

$$A=\sqrt{A_1^2+A_2^2+2A_1A_2\cos\Delta\varphi}$$

$$\varphi=\arctan\frac{A_1\sin\varphi_1+A_2\sin\varphi_2}{A_1\cos\varphi_1+A_2\cos\varphi_2}$$

相位相同（$\Delta\varphi=\pm 2k\pi$）时，$A=A_1+A_2$，振动合成加强；

相位相反（$\Delta\varphi=\pm(2k+1)\pi$）时，$A=|A_1-A_2|$，振动合成减弱。

（2）两个同方向、不同频率简谐振动的合成

当 $\nu_2+\nu_1>>\nu_2-\nu_1$ 时，产生拍现象，且拍频为 $\nu_2-\nu_1$

（3）两个相互垂直的同频率简谐振动的合成

$$x=A_1\cos(\omega t+\varphi_1),\ y=A_2\cos(\omega t+\varphi_2)$$

合成运动轨道方程为

$$\frac{x^2}{A_1^2}+\frac{y^2}{A_2^2}-\frac{2xy}{A_1A_2}\cos\Delta\varphi=\sin^2\Delta\varphi$$

合成运动的轨迹一般为椭圆，其形状由 $\Delta\varphi$ 决定。

当 $\Delta\varphi=0$ 时，运动轨迹为通过原点，且穿过一、三象限的倾斜直线；

当 $\Delta\varphi=\pi$ 时，运动轨迹为通过原点，且穿过二、四象限的倾斜直线；

当 $\Delta\varphi=\pi/2$ 时，运动轨迹为右旋正椭圆；

当 $\Delta\varphi=-\pi/2$ 时，运动轨迹为左旋正椭圆。

***7. 阻尼振动**

振幅随时间而减小的振动称为阻尼振动，此时振幅和圆频率分别为

$$A=A_0e^{\beta t},\ \omega=\sqrt{\omega_0^2-\beta^2}$$

式中，A_0 为简谐振动的振幅；ω_0 为系统的固有频率；β 为阻尼系数。

***8. 受迫振动与共振**

系统在周期性强迫力作用下所进行的振动称为受迫振动。受迫振动达到稳定状态后振幅保持不变，受迫振动成为简谐振动。

当强迫力的圆频率等于振动系统的固有圆频率时，此时受迫振动的振幅达到最大，振动最剧烈，即发生共振现象。共振时的圆频率和振幅分别为

$$\omega_\gamma = \sqrt{\omega_0^2 - 2\beta^2},\ A_\gamma = \frac{f_0}{2\beta\sqrt{\omega_0^2 - \beta^2}}$$

式中，$f_0 = F_0/m$；F_0 为强迫力的幅度。

8.2 习题解答

8-1 两个质点各自做简谐振动，它们的振幅相同、周期相同，第一个质点的振动方程为 $x_1 = A\cos(\omega t + \alpha)$。当第一个质点从相对于其平衡位置的正位移处回到平衡位置时，第二个质点正在最大正位移处，则第二个质点的振动方程为：

（A）$x_2 = A\cos\left(\omega t + \alpha + \frac{1}{2}\pi\right)$；　（B）$x_2 = A\cos\left(\omega t + \alpha - \frac{1}{2}\pi\right)$；

（C）$x_2 = A\cos\left(\omega t + \alpha - \frac{3}{2}\pi\right)$；　（D）$x_2 = A\cos(\omega t + \alpha + \pi)$。　[B]

8-2 把单摆摆球从平衡位置向位移正方向拉开，使摆线与竖直方向成一微小角度 θ，然后由静止放手任其振动，从放手时开始计时。若用余弦函数表示其运动方程，则该单摆振动的初相为：

（A）π；　（B）$\pi/2$；

（C）0；　（D）θ。　[C]

8-3 一质点做简谐振动，其运动速度与时间的曲线如习题8-3图所示。若质点的振动规律用余弦函数描述，则其初相应为：

（A）$\pi/6$；　（B）$5\pi/6$；　（C）$-5\pi/6$；　（D）$-\pi/6$；

（E）$-2\pi/3$。　[C]

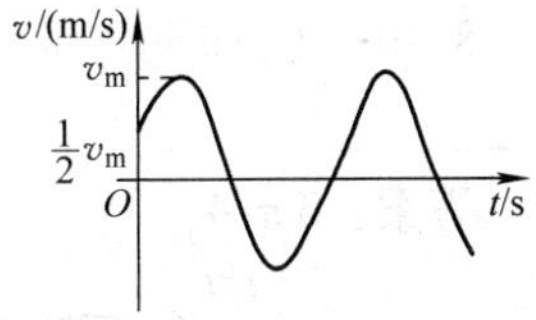

习题8-3图

8-4 如习题8-4图所示，质量为 m 的物体由劲度系数为 k_1 和 k_2 的两个轻弹簧连接在水平光滑导轨上做微小振动，则该系统的振动频率为：

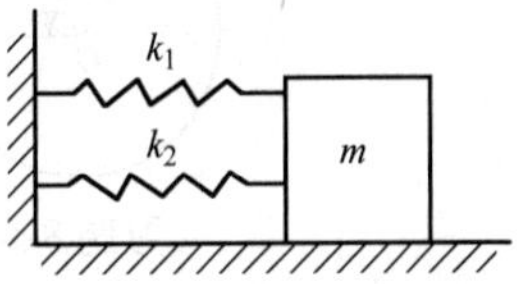

习题8-4图

（A）$\nu = 2\pi\sqrt{\frac{k_1 + k_2}{m}}$；　（B）$\nu = \frac{1}{2\pi}\sqrt{\frac{k_1 + k_2}{m}}$；

（C）$\nu = \frac{1}{2\pi}\sqrt{\frac{k_1 + k_2}{mk_1k_2}}$；　（D）$\nu = \frac{1}{2\pi}\sqrt{\frac{k_1k_2}{m(k_1 + k_2)}}$。

[B]

8-5 一弹簧振子做简谐振动，总能量为 E_1，如果简谐振动振幅增加为原来的两倍，重物的质量增为原来的四倍，则它的总能量 E_2 变为：

（A）$E_1/4$；　（B）$E_1/2$；

（C）$2E_1$；　　　　（D）$4\ E_1$。　　　　[D]

8-6　一质点做简谐振动，已知振动频率为f，则振动动能的变化频率是

（A）$4f$；　　　　（B）$2f$；　　　　（C）f；

（D）$f/2$；　　　　（E）$f/4$。　　　　[B]

8-7　一简谐振动用余弦函数表示，其振动曲线如习题 8-7 图所示，则此简谐振动的三个特征量为 $A=$__________；$\omega=$__________；$\varphi=$__________。

答案：10cm；　　（π/6）rad/s；π/3

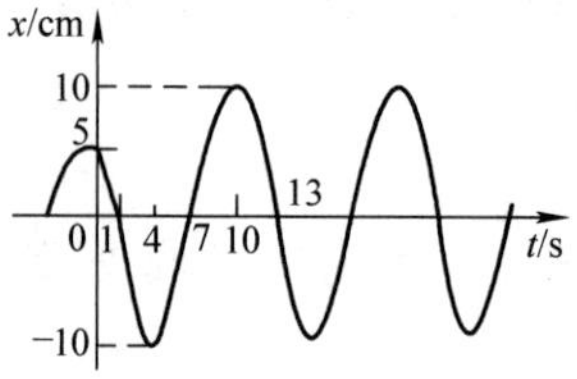

习题 8-7 图

8-8　在 $t=0$ 时，周期为 T、振幅为 A 的单摆分别处于习题 8-8 图 a)、b)、c) 三种状态。若选单摆的平衡位置为坐标的原点，坐标指向正右方，则单摆做小角度摆动的振动表达式（用余弦函数表示）分别为：

（a）______________；

（b）______________；

（c）______________。

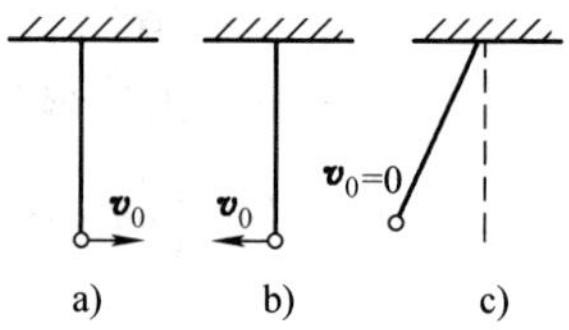

习题 8-8 图

答案：

$$x=A\cos\left(\frac{2\pi t}{T}-\frac{1}{2}\pi\right)$$

$$x=A\cos\left(\frac{2\pi t}{T}+\frac{1}{2}\pi\right)$$

$$x=A\cos\left(\frac{2\pi t}{T}+\pi\right)$$

8-9　一简谐振动的旋转矢量图如习题 8-9 图所示，振幅矢量长 2cm，则该简谐振动的初相为__________；振动方程为__________。

答案：π/4　；$x=2\times10^{-2}\cos(\pi t+\pi/4)$　（SI）

8-10　已知两个简谐振动的曲线如习题 8-10 图所示。x_1 的相位比 x_2 的相位超前________。

答案：3π/4

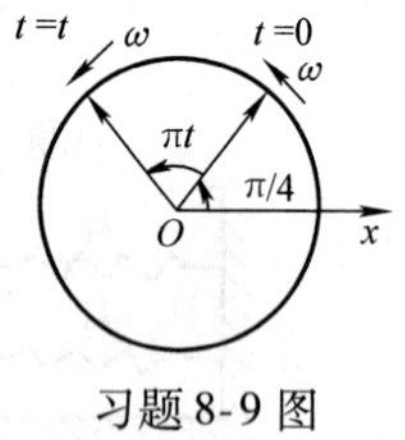

习题 8-9 图

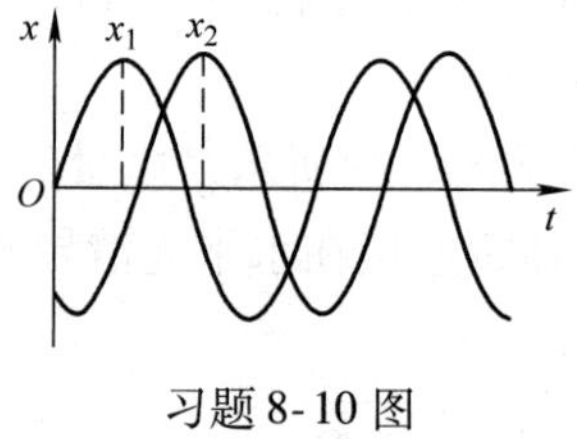

习题 8-10 图

8-11　两个同方向的简谐振动曲线如习题 8-11 图所示。

合振动的振幅为__________；合振动的振动方程为______________。

答案：$|A_1-A_2|$；　$x=|A_2-A_1|\cos\left(\frac{2\pi}{T}t+\frac{1}{2}\pi\right)$

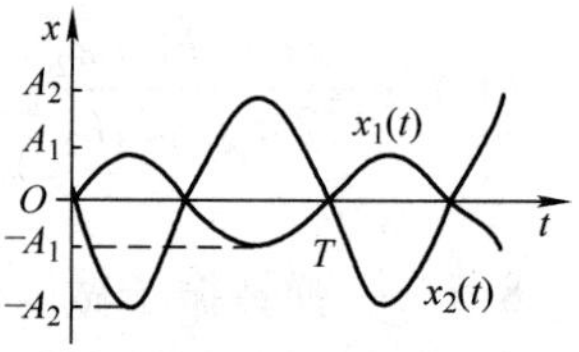

习题 8-11 图

8-12　一质点沿 x 轴做简谐振动，其角频率 $\omega=10\text{rad/s}$。试分别写出以下两种初始状态下的振动方程：

（1）其初始位移 $x_0=7.5\text{cm}$，初始速度 $v_0=75.0\text{cm/s}$；

（2）其初始位移 $x_0=7.5\text{cm}$，初始速度 $v_0=-75.0\text{cm/s}$。

解：振动方程 $x=A\cos(\omega t+\varphi)$

（1）$t=0$ 时 $x_0=7.5\text{cm}=A\cos(10t+\varphi)$

$$v_0=75\text{cm/s}=-A\sin(10t+\varphi)$$

解上两个方程得
$$A=10.6\text{cm}$$
$$\varphi=-\pi/4$$

所以
$$x=10.6\times10^{-2}\cos[10t-(\pi/4)]\quad(\text{SI})$$

（2）$t=0$ 时 $x_0=7.5\text{cm}=A\cos(10t+\varphi)$

$$v_0=-75\text{cm/s}=-A\sin(10t+\varphi)$$

解上两个方程得
$$A=10.6\text{cm},\ \varphi=\pi/4$$

所以
$$x=10.6\times10^{-2}\cos[10t+(\pi/4)]\quad(\text{SI})$$

8-13 一木板在水平面上做简谐振动，振幅是12cm，在距平衡位置6cm处速率是24cm/s。如果一小物块置于振动木板上，由于静摩擦力的作用，小物块和木板一起运动（振动频率不变），当木板运动到最大位移处时，物块正好开始在木板上滑动，问物块与木板之间的静摩擦因数 μ 为多少?

解：若从正最大位移处开始振动，则振动方程为

$$x=A\cos(\omega t),\quad \dot{x}=-A\omega\sin(\omega t)$$

在 $|x|=6\text{cm}$ 处，$|\dot{x}|=24\text{cm/s}$

所以
$$6=12|\cos(\omega t)|,\ 24=|-12\omega\sin(\omega t)|,$$

解以上二式得
$$\omega=4/\sqrt{3}\text{rad/s}$$
$$\ddot{x}=-A\omega^2\cos\omega t$$

木板在最大位移处 $|\ddot{x}|$ 最大，为 $|\ddot{x}|=A\omega^2$ ①

若 mA^2 稍稍大于 mg，则 m 开始在木板上滑动，取

$$\mu mg=mA\omega^2 \quad ②$$

所以
$$\mu=A\omega^2/g\approx0.0653 \quad ③$$

8-14 在竖直面内半径为 R 的一段光滑圆弧形轨道上，放一小物体，使其静止于轨道的最低处. 然后轻碰一下此物体，使其沿圆弧形轨道来回做小幅度运动。试证：

（1）此物体做简谐振动；

（2）此简谐振动的周期 $T=2\pi\sqrt{R/g}$

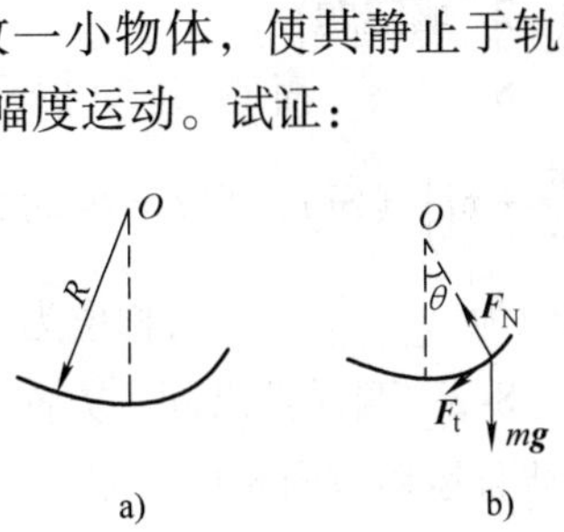

习题8-14图

证：（1）当小物体偏离圆弧形轨道最低点 θ 角时，其受力如习题8-14b图所示。切向分力 $F_t=-mg\sin\theta$ ①

因为角很小，所以 $\sin\theta\approx\theta$

牛顿第二定律给出 $F_t=ma_t$ ②

即 $-mg\theta=m\text{d}^2(R\theta)/\text{d}t^2$

$$\text{d}^2\theta/\text{d}t^2=-g\theta/R=-\omega^2\theta \quad ③$$

将③式和简谐振动微分方程比较可知，物体做简谐振动。

（2）由③知 $\omega=\sqrt{g/R}$

周期　　$T=2\pi/\omega=2\pi\sqrt{R/g}$

8.3　机械振动章节训练

1. 选择题

8-1　对一个做简谐振动的物体，下面哪种说法是正确的？[　　]

（A）物体处在运动正方向的端点时，速度和加速度都达到最大值；

（B）物体位于平衡位置且向负方向运动时，速度和加速度都为零；

（C）物体位于平衡位置且向正方向运动时，速度最大，加速度为零；

（D）物体处在负方向的端点时，速度最大，加速度为零。

8-2　一质点做简谐振动，周期为 T，质点由平衡位置向 x 轴正方向运动时，由平衡位置到二分之一最大位移这段路程所需要的最小时间为：[　　]

（A）$T/4$；　（B）$T/12$；　（C）$T/6$；　（D）$T/8$。

8-3　一质点沿 x 轴做简谐振动，振动方程为 $x=4\times10^{-2}\cos(2\pi t+\pi/3)$ (SI) 从 $t=0$ 时刻起，到质点位置在 $x=-2\text{cm}$ 处，且向 x 轴正方向运动的最短时间间隔为：

（A）1/8s；　（B）1/4s；　（C）1/2s；

（D）1/3s；　（E）1/6s。　[　　]

8-4　一质点在 x 轴上做简谐振动，振辐 $A=4\text{cm}$，周期 $t=2\text{s}$，其平衡位置取作坐标原点。若 $t=0$ 时质点第一次通过 $x=-2\text{cm}$ 处，且向 x 轴负方向运动，则质点第二次通过 $x=-2\text{cm}$ 处的时刻为：[　　]

（A）1s；　（B）（2/3）s；

（C）（4/3）s；（D）2s。

8-5　一简谐振动曲线如选择题 8-5 图所示。则振动周期是：

（A）2.62s；　（B）2.40s；

（C）2.20s；　（D）2.00s。　[　　]

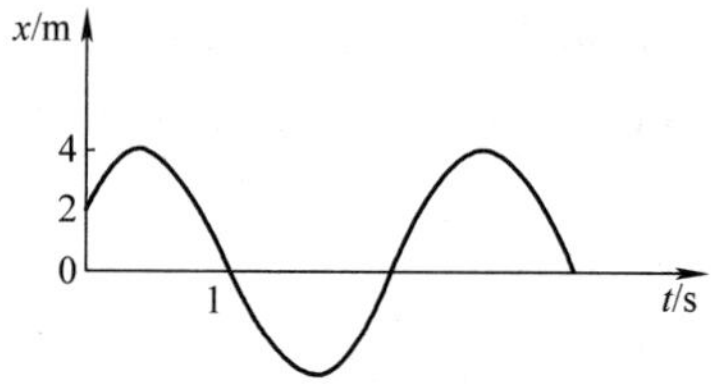

选择题 8-5 图

2. 填空题

8-1　一简谐振动振子的振动方程为 $x=5\cos\left(\frac{\pi}{4}+\pi t\right)$ (SI)，则 $t=2\text{s}$ 时，此振子的位移为________，相位为________，初相位为__________，速度为__________，加速度为______________。

8-2　两质点沿同一方向做同振幅同频率的简谐振动。在振动中它们在振幅一半的地方相遇且运动方向相反，则它们的相差为__________。

8-3　两个同方向同频率的简谐振动，其振动表达式为 $x_1=6\times10^{-2}\cos(5t+\pi/2)$ 和 $x_2=2\times10^{-2}\cos(\pi-5t)$ (SI)，它们的合振动的振幅为____________，初相位为____________。

3. 计算题

8-1　如计算题 8-1 图所示一质点做简谐振动，在一个周期内相继通过距离为 12cm 的两点 A、B 历时 2s。并且在 A、B 两点处具有相同的速度，再经过 2s 后质点又从另一方向通过

B 点。试求质点运动的周期和振幅。

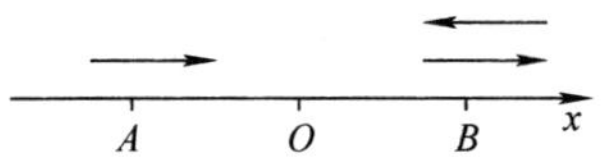

计算题8-1图

8-2　两个同方向的简谐振动，周期相同，振幅分别为 $A_1=0.05\text{m}$ 和 $A_2=0.07\text{m}$，它们合成为一个振幅为 $A=0.09\text{m}$ 的简谐振动，求这两个振动的相位差。

第9章　机　械　波

本章内容与教材第9章内容相对应。

9.1　学习要点与重要公式

1. 机械波的产生与传播

（1）产生机械波的条件　第一，激发振动的波源；第二，传递波的弹性介质。

（2）机械波的分类

① 横波　振动方向与传播方向垂直的波。

② 纵波　振动方向与传播方向平行的波。

（3）机械波的特征　波线上各质点在平衡位置附近振动；各质点振动的相位沿传播方向依次滞后。

2. 波的几何描述

（1）波线　沿波的传播方向所画的一些带箭头的线。

（2）波面　不同波线上相位相同的点所连成的曲面，也称为波阵面。在各向同性的介质中，波线与波面垂直。

（3）波前　在某一时刻最前方的波面。波前为平面、球面和柱面的波分别称为平面波、球面波和柱面波。

3. 描述波动的物理量

（1）波速 u　振动状态的传播速度。

（2）波长 λ　同一时刻沿同一波线上，相位差为 2π 的两点间的距离。

（3）周期 T　波动沿波线传播一个波长所需的时间。

（4）频率 ν　在单位时间内质元振动的次数。

（5）三者相互关系　$$u=\lambda/T=\lambda\nu$$

波速的大小由介质和波的种类决定，与波的频率无关；而波的周期（或频率）等于波源的周期（或频率），与介质无关；波速与波长等都与介质有关。

4. 平面简谐波的波动方程

$$y(x,t)=A\cos\left[\omega\left(t\pm\frac{x}{u}\right)+\varphi\right]=A\cos\left[2\pi\left(\frac{t}{T}\pm\frac{x}{\lambda}\right)+\varphi\right]$$

其中：当波沿 x 轴正向传播时取“-”号，当波沿 x 轴负向传播时取“+”号。

5. 波的能量

（1）动能　$$\mathrm{d}E_{\mathrm{k}}=\frac{1}{2}(\mathrm{d}m)v^2=\frac{1}{2}(\rho\mathrm{d}V)\omega^2A^2\sin^2\left[\omega\left(t-\frac{x}{u}\right)+\varphi\right]$$

（2）势能　$$\mathrm{d}E_{\mathrm{p}}=\frac{1}{2}k(\mathrm{d}y)^2=\frac{1}{2}(\rho\mathrm{d}V)\omega^2A^2\sin^2\left[\omega\left(t-\frac{x}{u}\right)+\varphi\right]$$

（3）总能量 $dE = dE_k + dE_p = (\rho dV)\ \omega^2 A^2 \sin^2\left[\omega\left(t-\frac{x}{u}\right)+\varphi\right]$

（4）平均能量密度 单位体积内波的平均能量

$$\overline{\omega} = \frac{1}{2}\rho\omega^2 A^2$$

（5）平均能流（即波的功率）单位时间内垂直通过 S 面的平均能量

$$P = \overline{\omega}uS = \frac{1}{2}\rho A^2\omega^2 uS$$

（6）能流密度（即波的强度） 单位时间内垂直通过单位面积的平均能量

$$I = \frac{P}{S} = \frac{1}{2}\rho A^2\omega^2 u$$

6. 惠更斯原理

介质中波动传播到的各点都可以看作是发射子波的波源，而在其后的任意时刻，这些子波的包络就是新的波前。这就是惠更斯原理。

惠更斯原理对任何波动过程（机械波或电磁波）都适用，不论传播介质是均匀的还是非均匀的，是各向同性的还是各向异性的，只要知道某一时刻波前的位置，就可以根据该原理，用几何作图的方法确定下一时刻波前的位置，从而确定波传播的方向。

7. 波的干涉

（1）相干条件：振动方向相同、频率相同、相位差恒定。

（2）干涉加强、减弱的条件

$$\Delta\varphi = (\varphi_2-\varphi_1) - \frac{2\pi}{\lambda}\Delta r = \begin{cases} \pm 2k\pi & (k=0,1,2,\cdots)\text{干涉加强} \\ \pm(2k+1)\pi & (k=0,1,2,\cdots)\text{干涉减弱} \end{cases}$$

当 $\varphi_1=\varphi_2$时，可用波程差决定

$$\delta = r_2 - r_1 = \begin{cases} \pm k\lambda & (k=0,1,2,\cdots)\text{干涉加强} \\ \pm(2k+1)\frac{\lambda}{2} & (k=0,1,2,\cdots)\text{干涉减弱} \end{cases}$$

8. 驻波

（1）驻波的形成 驻波由沿相反方向传播的两列等幅相干波叠加而成。

（2）驻波方程 $y = \left(2A\cos\frac{2\pi}{\lambda}x\right)\cos\omega t$

（3）驻波的特征 各点的振幅 $A_{合} = \left|2A\cos\frac{2\pi}{\lambda}x\right|$在空间做周期性变化。

当 $x = \pm\frac{\lambda}{2}k\,(k=0,1,2,\cdots)$为波腹位置；

当 $x = \pm\frac{\lambda}{4}(2k+1)\,(k=0,1,2,\cdots)$为波节位置。

可见，相邻波腹间的距离或相邻波节间的距离均为 $\lambda/2$。

（4）各质点的相位 两相邻波节间的各点同相位，同一波节两侧各点相位相反。

（5）驻波的能量 驻波波场中没有能量的定向传播。

9. 半波损失

波从波疏介质向波密介质界面发生反射时，反射波在分界处的相位较之入射波跃变了

π，相当于出现了半个波长的波程差，这种现象称为半波损失。

10. 多普勒效应

波源或观察者相对于介质运动时，观察者接收到的频率与波源发出的频率不同，这种现象称为多普勒效应。观察者接收到的频率为

$$\nu' = \frac{u + v_0}{u - v_S}\nu$$

其中：波源与观察者相互接近时，它们的运动速度为正（即 $v_0 > 0$，$v_S > 0$）；二者彼此远离时，它们的速度为负（即 $v_0 < 0$，$v_S < 0$）。波速 u 恒取正值。

9.2　习题解答

9-1　在下面几种说法中，正确的说法是：　[C]

（A）波源不动时，波源的振动周期与波动的周期在数值上是不同的；

（B）波源振动的速度与波速相同；

（C）在波传播方向上的任一质点振动相位总是比波源的相位滞后（按差值不大于 π 计）；

（D）在波传播方向上的任一质点的振动相位总是比波源的相位超前。（按差值不大于 π 计）。

9-2　机械波的表达式为 $y = 0.03\cos6\pi(t + 0.01x)$ （SI），则：

（A）其振幅为 3m；　（B）其周期为 $\frac{1}{3}$s；

（C）其波速为 10m/s；　（D）波沿 x 轴正向传播。　[B]

9-3　一平面简谐波在弹性媒质中传播，在某一瞬时，媒质中某质元正处于平衡位置，此时它的能量是：

（A）动能为零，势能最大；（B）动能为零，势能为零；

（C）动能最大，势能最大；（D）动能最大，势能为零。　[C]

9-4　某时刻驻波波形曲线如习题 9-4 图所示，则 a、b 两点振动的相位差是：

（A）0；　（B）$\frac{1}{2}\pi$；

（C）π；　（D）5π/4。　[C]

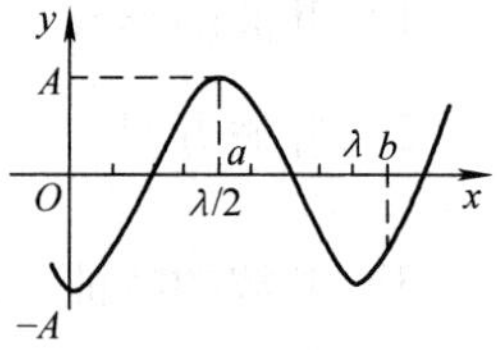

习题 9-4 图

9-5　一平面简谐波的表达式为 $y = A\cos\omega(t - x/u) = A\cos(\omega t - \omega x/u)$，其中 x/u 表示________；x/u 表示________；y 表示________。

答案：波从坐标原点传至 x 处所需时间；x 处质点比原点处质点滞后的振动相位；t 时刻 x 处质点的振动位移

9-6　一个余弦横波以速度 u 沿 x 轴正向传播，t 时刻波形曲线如图所示。试分别指出习题 9-6 图中 A、B、C 各质点在该时刻的运动方向：A ______；B ______；C ______

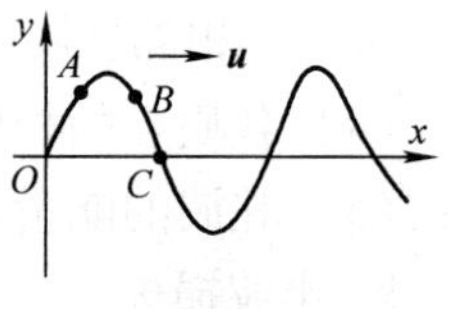

习题 9-6 图

答案：向下；向上；向上

9-7　习题9-7图所示一平面简谐波在 $t=2\text{s}$ 时刻的波形图，波的振幅为0.2m，周期为4s，则图中 P 点处质点的振动方程为________。

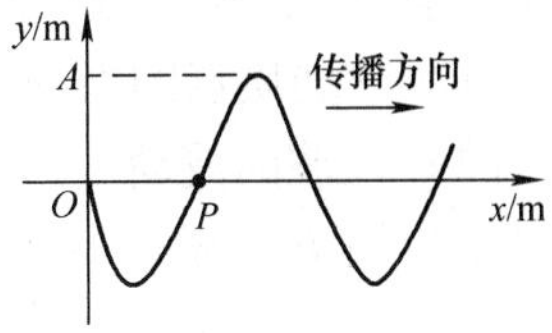

习题9-7图

答案：$y_P=0.2\cos\left(\frac{1}{2}\pi t-\frac{1}{2}\pi\right)$

9-8　两列波在一根很长的弦线上传播，其表达式为

$y_1=6.0\times10^{-2}\cos\pi(x-40t)/2$　(SI)

$y_2=6.0\times10^{-2}\cos\pi(x+40t)/2$　(SI)

则合成波的表达式为________________；

在 $x=0$ 至 $x=10.0\text{m}$ 内波节的位置是________________；波腹的位置是________。

答案：$y=12.0\times10^{-2}\cos\left(\frac{1}{2}\pi x\right)\cos20\pi t$　(SI)

$x=(2n+1)\text{m}$，即 $x=1\text{m}$，3m，5m，7m，9m

$x=2n$ m，即 $x=0\text{m}$，2m，4m，6m，8m，10m

9-9　一声呐装置向海水中发出超声波，其波的表达式为

$$y=1.2\times10^{-3}\cos(3.14\times10^5t-220x)\text{ (SI)}$$

则此波的频率 $\nu=$______，波长 $\lambda=$______，海水中声速 $u=$______。

答案：$5\times10^4\text{Hz}$；$2.86\times10^{-2}\text{m}$；$1.43\times10^3\text{m/s}$

9-10　电磁波在媒质中传播速度的大小是由媒质的________决定的。

(　介电常数　和磁导率　)

9-11　一列火车以20m/s的速度行驶，若机车汽笛的频率为600Hz，一静止观测者在机车前和机车后所听到的声音频率分别为________和________（设空气中声速为340m/s）。

答案：637.5Hz；　　566.7Hz

9-12　习题9-12图所示为一种声波干涉仪，声波从入口 E 进入仪器，分 BC 两路在管中传播至喇叭口 A 汇合传出，弯管 C 可以移动以改变管路长度，当它渐渐移动时从喇叭口发出的声音周期性地增强或减弱，设 C 管每移动10cm，声音减弱一次，则该声波的频率为（空气中声速为340m/s）________。

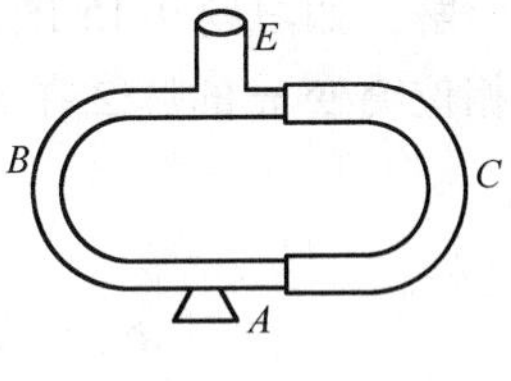

习题9-12图

答案：$1.7\times10^3\text{Hz}$

参考解：两路声波干涉减弱条件是：

$$\delta=\overline{ECA}-\overline{EBA}=\frac{1}{2}(2k+1)\lambda \qquad ①$$

当 C 管移动 $x=10\text{cm}=0.1\text{m}$ 时，再次出现减弱，

波程差为 $$\delta'=\delta+2x=\frac{1}{2}[2(k+1)+1]\lambda \qquad ②$$

②-①得 $$\lambda=2x$$

故 $$\nu=u/\lambda=u/(2x)=1.7\times10^3\text{Hz}$$

9-13　如习题9-13图所示，一平面简谐波沿 Ox 轴正向传播，波速大小为 u，若 P 处质点的振动方程为 $y_P = A\cos(\omega t+\phi)$，求：

（1）O 处质点的振动方程；

（2）该波的波动表达式；

（3）与 P 处质点振动状态相同的那些质点的位置。

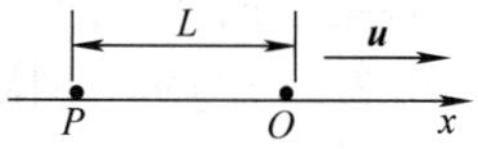

习题9-13图

解：（1）O 处质点振动方程　$y_0 = A\cos\left[\omega\left(t+\dfrac{L}{u}\right)+\phi\right]$

（2）波动表达式　$$y = A\cos\left[\omega\left(t-\frac{x-L}{u}\right)+\phi\right]$$

（3）　$$x = L \pm x = L \pm k\frac{2\pi u}{\omega}\quad (k=0,1,2,3,\cdots)$$

9-14　一平面简谐波沿 x 轴正向传播，其振幅为 A，频率为 ν，波速为 u。设 $t=t'$ 时刻的波形曲线如习题9-14图所示。求：

（1）$x=0$ 处质点振动方程；

（2）该波的表达式。

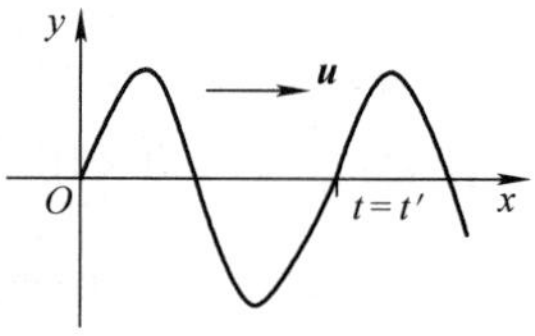

习题9-14图

解：（1）设 $x=0$ 处质点的振动方程为　$y = A\cos(2\pi\nu t+\phi)$

由图可知，$t=t'$ 时　$y = A\cos(2\pi\nu t'+\phi)=0$

$$\mathrm{d}y/\mathrm{d}t = -2\pi\nu A\sin(2\pi\nu t'+\phi)<0$$

所以　$$2\pi\nu t'+\phi = \pi/2,\qquad \phi = \frac{1}{2}\pi - 2\pi\nu t'$$

$x=0$ 处的振动方程为　$$y = A\cos\left[2\pi\nu(t-t')+\frac{1}{2}\pi\right]$$

（2）该波的表达式为　$y = A\cos\left[2\pi\nu\ (t-t'-x/u)\ +\dfrac{1}{2}\pi\right]$

9-15　一微波探测器位于湖岸水面以上0.5m处，一发射波长21cm的单色微波的射电星从地平线上缓慢升起，探测器将相继指出信号强度的极大值和极小值。当接收到第一个极大值时，射电星位于湖面以上什么角度？

解：如习题9-15图所示，P 为探测器，射电星直接发射到 P 点的波①与经过湖面反射有相位突变 π 的波②在 P 点相干叠加，波程差为

$$\Delta\delta = \overline{O'P} - \overline{DP} + \frac{1}{2}\lambda = \frac{h}{\sin\theta} - \frac{h}{\sin\theta}\cos 2\theta + \frac{\lambda}{2}$$

$$\delta_m = \lambda k = \lambda\quad(\text{取 } k=1)$$

$$h\ (1-\cos 2\theta)\ = \frac{1}{2}\lambda\sin\theta$$

因为　$$\cos 2\theta = 1-2\sin^2\theta$$

所以　$$2h\sin\theta = \frac{1}{2}\lambda$$

$$\sin\theta = \lambda/(4h) = 0.105$$

$$\theta = 6°$$

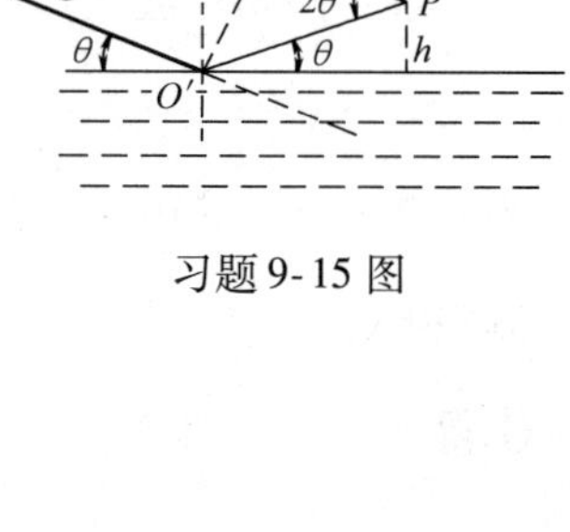

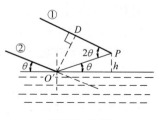

习题9-15图

9.3　机械波章节训练

1. 选择题

9-1　频率为100Hz，传播速度为300m/s的平面简谐波，波线上两点振动的相位差为$\frac{\pi}{3}$，则此两点相距：　[　　]

（A）2m；　（B）2.19m；　（C）0.5m；　（D）28.6m

9-2　一平面简谐波表达式为$y=-0.05\sin\pi(t-2x)$（SI）则该波的频率ν（Hz）波速u(m/s)及波线上各点振动的振幅A(m)依次为：[　　]

（A）1/2，1/2，-0.05；　（B）1/2，1，-0.05；

（C）1/2，1/2，0.05；　（D）2，2，0.05。

9-3　一平面简谐波的表达式为$y=0.1\cos(3\pi t-\pi x+\pi)$（SI），$t=0$时的波形曲线如选择题9-3图所示，则　[　　]

（A）O点的振幅为-0.1m；　（B）波长为3m；

（C）a、b两点间相位差为$\frac{1}{2}\pi$；

（D）波速为9m/s。

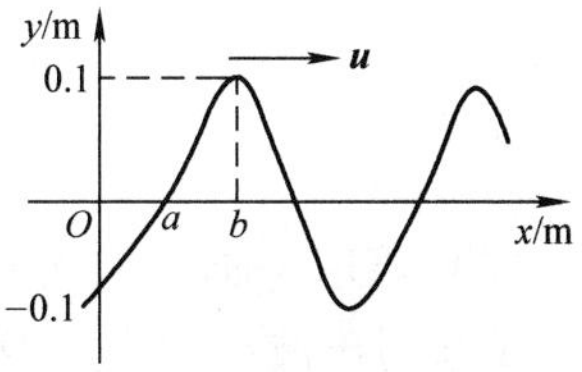

选择题9-3图

9-4　一波沿x轴负向传播，其振幅为0.2m。频率为50Hz，波速30m/s。若$t=0$时，坐标原点处的质点位移为零，且$v_0>0$，则此波的波函数为：　[　　]

（A）$y=0.2\cos\left[100\pi\left(t-\frac{x}{30}\right)+\frac{\pi}{2}\right]$；　（B）$y=0.2\cos\left[100\pi\left(t+\frac{x}{30}\right)-\frac{\pi}{2}\right]$；

（C）$y=0.2\cos\left[100\pi\left(t-\frac{x}{30}\right)+\frac{3\pi}{2}\right]$；　（D）$y=0.2\cos\left[100\pi\left(t+\frac{x}{30}\right)-\frac{3\pi}{2}\right]$。

9-5　同一介质中的两相干波源C与D振幅都是A，D的初相位比C领先$\frac{\pi}{2}$，若此介质中的P点距D比距C远$\frac{\lambda}{12}$，则在P点：　[　　]

（A）干涉减弱，振幅为零；　（B）干涉减弱，振幅为$\frac{\sqrt{3}}{3}A$；

（C）干涉加强，振幅为$2A$；　（D）干涉加强，振幅为$\sqrt{3}A$。

2. 填空题

9-1　一平面简谐波表达式为$y=4\sin\pi(t-4x)$　（SI），则该波的频率ν(Hz)为________，波速u(m/s)为____________，波线上各点振动的振幅A(m)为____________。

9-2　已知一平面简谐波的波动方程为$y=A\cos(at-bx)$，（a、b均为正值常数），则波沿x轴传播的速度为____________。

9-3　两相干波源S_1和S_2的振动方程是$y_1=A\cos(\omega t+\pi/2)$和$y_2=A\cos(\omega t)$，$S_1$距$P$点6个波长，$S_2$距$P$点为13/4个波长，两波在$P$点的相位差的绝对值是____________。

9-4　如果入射波的方程是 $y_1=A\cos2\pi(t+x/\lambda)$，在 $x=0$ 处发生反射后形成驻波，反射点为波腹，设反射波的强度不变，则反射波的波函数为 $y_2=$________________，在 $x=2\lambda/3$ 处质点合振动的振幅等于________。

9-5　一驻波中相邻两波节的距离为 $d=0.05\text{m}$，质元的振动频率为 $\nu=1\times10^3\text{Hz}$，则形成该驻波的两个相干行波的传播速度 $u=$________ m/s，波长 $\lambda=$________ m。

3. 计算题

9-1　一平面简谐波在介质中以速度 $v=20\text{m/s}$ 自左向右传播，已知在传播路径上某点 A 的振动方程为 $y=3\cos(4\pi t-\pi)$ (SI) 另一点 D 在 A 右方 9m 处

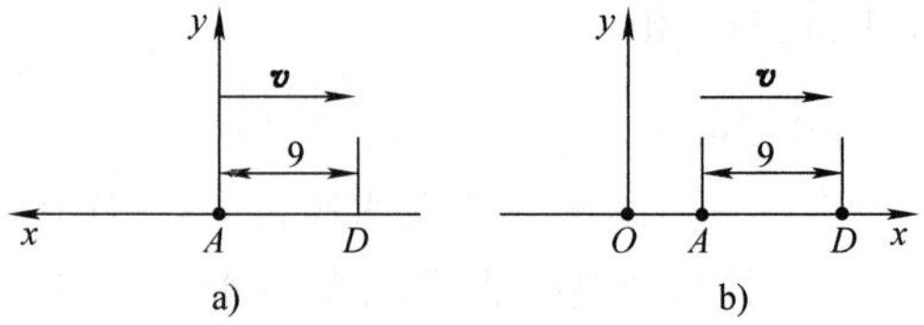

计算题 9-1 图

(1) 若取 x 轴方向向左，并以 A 为坐标原点，如计算题 9-1 图 a 所示，试写出波动方程，并求出 D 点的振动方程；

(2) 若取 x 轴方向向右，以 A 点左方 5m 处的 O 点为 x 轴原点，如计算题 9-1 图 b 所示，重新写出波动方程及 D 点的振动方程。

9-2　如计算题 9-2 图所示为一平面简谐波在 $t=0$ 时刻的波形图，设此简谐波的频率为 250Hz，且此时质点 P 的运动方向向下，求：

(1) 该波的波动方程；

(2) 在距原点 O 为 100m 处质点的振动方程与振动速度表达式。

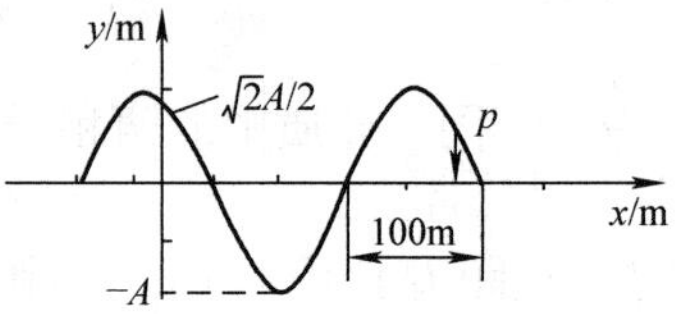

计算题 9-2 图

9-3　如计算题 9-3 图所示，S_1 和 S_2 为相干波源，频率均为 100Hz，初相位差为 π，两波源相距 30m，若波在媒质中的传播速度为 400m/s，而且两波在连线方向上的振幅相同并不随距离变化。求连线上因干涉而静止的各点的位置坐标。

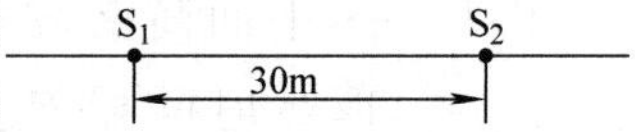

计算题 9-3 图

9-4　一平面简谐波某时刻的波形如计算题9-4图所示，此波以波速 u 沿 x 轴正方向传播，振幅为 A，频率为 ν。求：

（1）若以图中 B 点为 x 轴的坐标原点并以此时刻为 $t=0$ 时刻，写出此波的波函数；

（2）图中 D 点为反射点，且为一节点，若以 D 点为 x 轴的坐标原点，并以此时刻为 $t=0$ 时刻，写出此波的入射波的波函数和反射波的波函数；

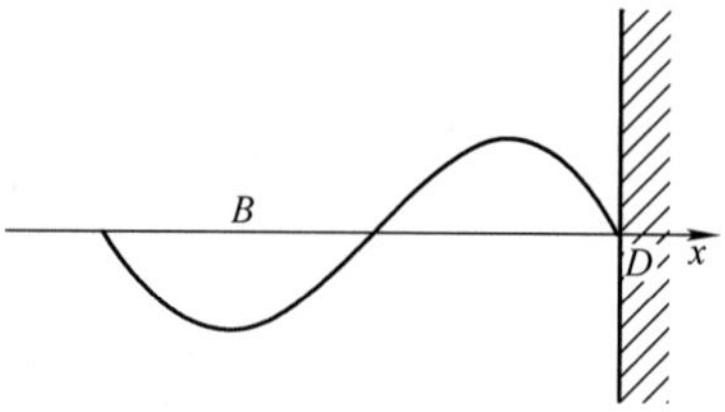

计算题9-4图

（3）写出合成波的波函数，并定出波腹和波节的位置坐标。

第 10 章　波 动 光 学

本章内容与教材第 10 章内容相对应。

10.1　学习要点与重要公式

1. 光的反射和折射定律

当光入射到两种均匀介质的分界面时，其传播方向发生改变，反射光线与折射光线都在入射光线和分界面法线所组成的平面内，而且反射角 i'、折射角 γ 与入射角 i 之间的关系为

$$i=i',\ n_1\sin i=n_2\sin\gamma$$

2. 光波的叠加

（1）相干光条件　频率相同、振动方向相同、在相遇处有固定的相位差。

（2）相干光源的获得　把一个光源的一点发出的光束分为两束，具体方法有分波前法（如杨氏双缝干涉和洛埃德镜干涉）和分振幅法（如薄膜干涉和迈克尔逊干涉）。

（3）光波的叠加　分别为 I_1 和 I_2、相位差为 $\Delta\varphi$ 的相干光叠加后的光强为

$$I=I_1+I_2+2\sqrt{I_1I_2}\cos\Delta\varphi$$

两列强度分别为为 I_1 和 I_2 的非相干光叠加后，光强为

$$I=I_1+I_2$$

3. 光程与光程差

（1）光程　介质的折射率 n 与光波经过的几何路程 r 的乘积 nr 称为光程。

（2）光程差　两束相干光光程之差 Δ 称为光程差，即

$$\Delta=n_1r_1-n_2r_2$$

（3）光程差与相位差的关系

$$\Delta\varphi=\frac{2\pi}{\lambda}\Delta\ （\lambda\ \text{为光在真空中的波长}）$$

（4）半波损失　当光从光疏介质射向光密介质，在分界面反射时，相位发生 π 的突变，相当于光程增加或减少了半个波长，这种现象称之为半波损失。

（5）用光程差表示光的干涉明、暗纹条件

$$\Delta=\begin{cases}\pm k\lambda & (k=0,1,2,\cdots)\quad \text{明条纹}\\ \pm(2k+1)\dfrac{\lambda}{2} & (k=0,1,2,\cdots)\quad \text{暗条纹}\end{cases}$$

注意：必须根据具体情况来选择正、负号及 k 的数值，k 并非都从 0 开始。

4. 光的干涉

（1）杨氏双缝干涉　从同一点光源分出的两束光（相干光）产生干涉，如图 10-1 所示。

① 明、暗条纹条件

$$\Delta = \frac{d}{D}x = \begin{cases} \pm k\lambda & (k=0,1,2,\cdots) \quad 明条纹 \\ \pm(2k+1)\dfrac{\lambda}{2} & (k=0,1,2,\cdots) \quad 暗条纹 \end{cases}$$

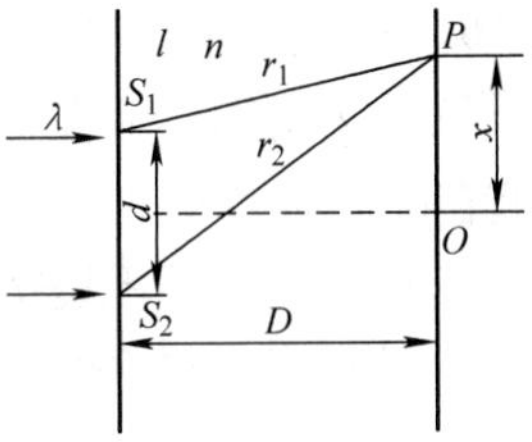

图 10-1

对明条纹，$k=0$ 对应中央明纹，$k=1$ 对应上、下两侧第 1 级明纹，依次类推。

对暗条纹，$k=0$ 对应上、下两侧第 1 级暗纹，$k=1$ 对应上、下两侧第 2 级暗纹，依次类推。

② 条纹特征 明暗相间，对称分布，等宽、等距的平行条纹（类似于斑马线）。条纹间距为

$$\Delta x = \frac{D}{d}\lambda$$

（2）薄膜干涉 单色光入射到厚度均匀的薄膜上，经上、下两表面反射的光（相干光）产生干涉。

① 明、暗纹条件

$$\Delta = 2d\sqrt{n_2^2 - n_1^2\sin^2 i} + \frac{\lambda}{2} = \begin{cases} \pm k\lambda & (k=0,1,2,\cdots) \quad 明条纹 \\ \pm(2k+1)\dfrac{\lambda}{2} & (k=0,1,2,\cdots) \quad 暗条纹 \end{cases}$$

当单色光垂直入射时，如图 10-2 所示，则

$$\Delta = 2n_2 d + \frac{\lambda}{2} = \begin{cases} \pm k\lambda & (k=0,1,2,\cdots) \quad 明条纹 \\ \pm(2k+1)\dfrac{\lambda}{2} & (k=0,1,2,\cdots) \quad 暗条纹 \end{cases}$$

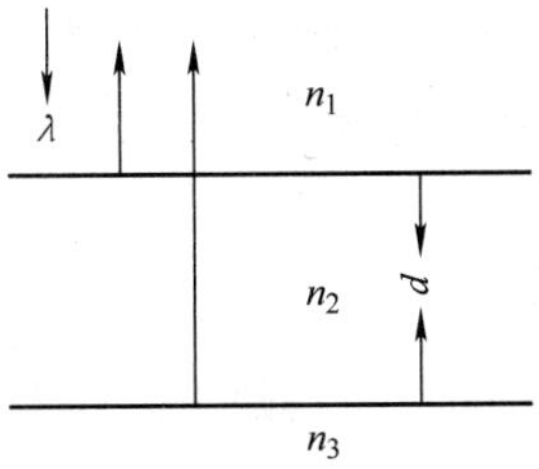

图 10-2

式中，$\lambda/2$ 为由半波损失引起的附加光程差。是否要加上附加光程差，由薄膜折射率 n_2 与膜上、下表面外的介质折射率 n_1、n_3 决定。

② 条纹特征 明暗相间的同心圆环形条纹。

（3）劈尖干涉 单色光垂直入射到劈形薄膜上，经上、下表面反射的两束光（相干光）产生干涉，如图 10-3 所示。

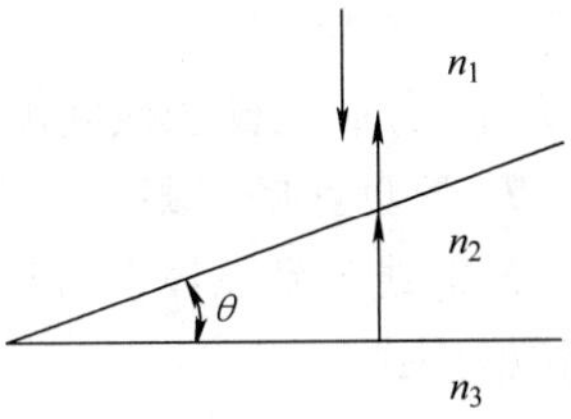

图 10-3

① 明、暗纹条件 设 $n_1 < n_2$，$n_2 > n_3$，则

$$\Delta = 2n_2 d + \frac{\lambda}{2} = \begin{cases} \pm k\lambda & (k=0,1,2,\cdots) \quad 明条纹 \\ \pm(2k+1)\dfrac{\lambda}{2} & (k=0,1,2,\cdots) \quad 暗条纹 \end{cases}$$

② 条纹特征 对劈尖，干涉条纹为明暗相间、等间距的平行直条纹。相邻明（或暗）纹的间距为 $l = \dfrac{\lambda}{2n_2\theta}$，相邻明（或暗）纹对应的薄膜厚度差为 $\Delta d = d_{k+1} - d_k = \dfrac{\lambda}{2n_2}$。

***5. 迈克耳孙干涉仪**

利用分振幅法使两个相互垂直的平面镜形成一等效的空气薄膜，产生双光束干涉，干涉条纹移动条数 N 与平面镜 M_2 移动距离 Δd 之间的关系为

$$\Delta d = N\frac{\lambda}{2}$$

6. 光的衍射

（1）惠更斯－菲涅耳原理　波前上的各点都可以看作发射子波的波源，它们所发射的子波在空间各点相遇时，相干叠加而产生干涉现象。

（2）单缝夫琅禾费衍射　单缝衍射是波面上无限个子波连续相干叠加的结果。

① 明暗条纹的条件

$$a\sin\theta=\begin{cases}0 & & \text{中央明条纹}\\ \pm k\lambda & (k=1,2,\cdots) & \text{暗条纹}\\ \pm(2k+1)\dfrac{\lambda}{2} & (k=0,1,2,\cdots) & \text{明条纹}\end{cases}$$

中央明条纹宽度 $\Delta x_0=\dfrac{2f\lambda}{a}$

其他明条纹宽度 $\Delta x=\dfrac{f\lambda}{a}$

② 条纹特征　中央明条纹最亮最宽，两侧条纹明暗相间、对称分布，各级明条纹的强度随级次 k 增大而依次减弱。

（3）光栅的夫琅禾费衍射　光栅衍射是单缝衍射与多缝干涉的综合效应。

① 光栅方程　$(a+b)\sin\theta=\pm k\lambda$（$k=0$，1，2，…）明条纹

② 光栅缺级　当光栅中多缝干涉明条纹与单缝衍射暗条纹对应同一个衍射角时，则本该有的明条纹实际上没有了，这种现象称为缺级，其条件为同时满足

$$\begin{cases}(a+b)\sin\theta=\pm k\lambda\\ a\sin\theta=\pm k'\lambda & (k'=1,2,3,\cdots)\end{cases}$$

由此可得缺级公式为　$k=\dfrac{a+b}{a}k'$（$k'=1$，2，3，…）

③ 斜入射的光栅方程

$$(a+b)(\sin i+\sin\theta)=\pm k\lambda\ (k=0,\ 1,\ 2,\ \cdots)\ \text{明条纹}$$

式中，入射角 i 恒为正值；衍射角 θ 有正负之分，当 θ 与 i 位居光栅法线同侧时，θ 取正值，当 θ 与 i 分居光栅法线同侧时，θ 取负值。

7. X 射线的衍射

X 射线射到晶体上时产生的衍射现象称为 X 射线衍射。X 射线在晶体上产生强反射遵从布拉格公式

$$2d\sin\varphi=k\lambda\ (k=1,\ 2,\ 3,\ \cdots)\ \text{明条纹}$$

式中，d 为晶格常数；φ 为 X 射线与晶体表面间的掠射角；λ 为 X 射线的波长。

***8. 光的偏振**

（1）光的偏振态　光波是横波，在垂直于传播方向的平面内，光振动的各种振动状态称为光的偏振态。光具有五种偏振态：自然光、线偏振光、部分偏振光、圆偏振光和椭圆偏振光。

（2）线偏振光的获得　可用多种方法产生，最常用的是光强为 I_0 的自然光通过偏振片后得到线偏振光，其强度 I 为

$$I=\frac{1}{2}I_0$$

（3）马吕斯定理　强度为 I_1 的线偏振光通过偏振片后的线偏振光强度为 I_2（偏振片本身对光无吸收时）

$$I_2 = I_1\cos^2\theta$$

式中，θ 为入射的线偏振光振动方向与偏振片偏振化方向的夹角。

（4）布儒斯特定律　自然光从折射率为 n_1 的介质中入射到折射率为 n_2 的介质表面，当入射角 i_0 满足条件

$$\tan i_0 = \frac{n_2}{n_1} = n_{21}$$

时，反射光为线偏振光（光的振动方向垂直于入射面），折射光为部分偏振光，而且折射光线与反射光线相互垂直，即

$$i_0 + \gamma = 90°$$

其中 i_0 称为布儒斯特角。

*（5）双折射现象　当一束光射向各向异性的晶体后分解为两束折射光的现象称为双折射现象。其中一束折射光遵从折射定律，称为寻常光（即 o 光）；另一束折射光不遵从折射定律，称为非常光（即 e 光）。实验发现，o 光和 e 光都是线偏振光。

10.2　习题解答

10-1　在双缝干涉实验中，屏幕 E 上的 P 点处是明条纹。若将缝 S_2 盖住，并在 S_1S_2 连线的垂直平分面处放一高折射率介质反射面 M，如习题 10-1 图所示，则此时：

（A）P 点处仍为明条纹；　（B）P 点处为暗条纹；

（C）不能确定 P 点处是明条纹还是暗条纹；　（D）无干涉条纹。　[B]

10-2　在双缝干涉实验中，光的波长为 600nm，双缝间距为 2mm，双缝与屏的间距为 300cm。在屏上形成的干涉图样的明条纹间距为：

（A）0.45mm；　（B）0.9mm；

（C）1.2mm；　（D）3.1mm。　[B]

10-3　在习题 10-3 图所示三种透明材料构成的牛顿环装置中，用单色光垂直照射，在反射光中看到干涉条纹，则在接触点 P 处形成的圆斑为（图中数字为各处的折射率）：

（A）全明；　（B）全暗；

（C）右半部明，左半部暗；　（D）右半部暗，左半部明。　[D]

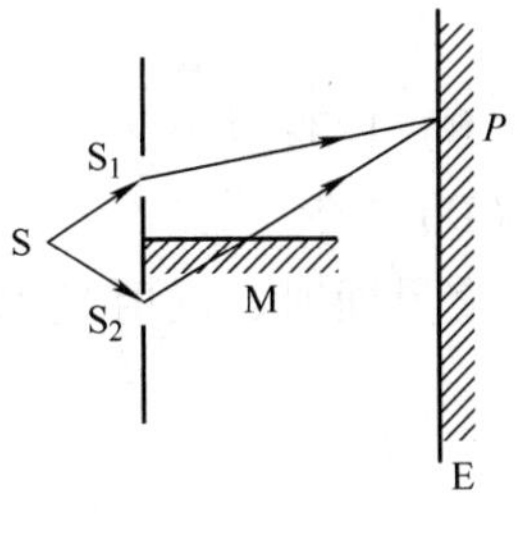

习题 10-1 图

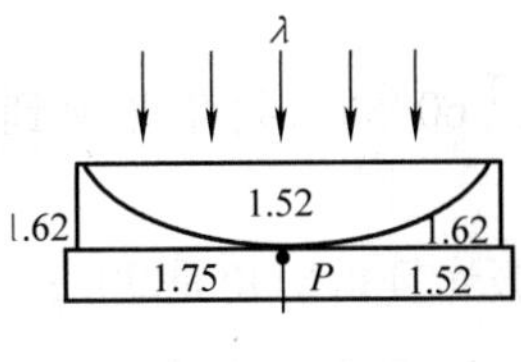

习题 10-3 图

10-4　一束波长为 λ 的单色光由空气垂直入射到折射率为 n 的透明薄膜上，透明薄膜放在空气中，要使反射光得到干涉加强，则薄膜最小的厚度为：

（A）$\lambda/4$；　（B）$\lambda/(4n)$；

（C）$\lambda/2$；　（D）$\lambda/(2n)$。　[B]

10-5　若把牛顿环装置（都是用折射率为 1.52 的玻璃制成的）由空气搬入折射率为 1.33 的水中，则干涉条纹：

（A）中心暗斑变成亮斑；　（B）变疏；

（C）变密；　（D）间距不变。　[C]

10-6　用劈尖干涉法可检测工件表面缺陷，当波长为 λ 的单色平行光垂直入射时，若观察到的干涉条纹如习题 10-6 图所示，每一条纹弯曲部分的顶点恰好与其左边条纹的直线部分的连线相切，则工件表面与条纹弯曲处对应的部分：

（A）凸起，且高度为 $\lambda/4$；　（B）凸起，且高度为 $\lambda/2$；

（C）凹陷，且深度为 $\lambda/2$；　（D）凹陷，且深度为 $\lambda/4$。　[C]

10-7　一束波长为 λ 的平行单色光垂直入射到一单缝 AB 上，装置见习题 10-7 图。在屏幕 D 上形成衍射图样，如果 P 是中央亮纹一侧第一个暗纹所在的位置，则 $\overline{BC}$ 的长度为

（A）$\lambda/2$；　（B）λ；

（C）$3\lambda/2$；　（D）2λ。　[B]

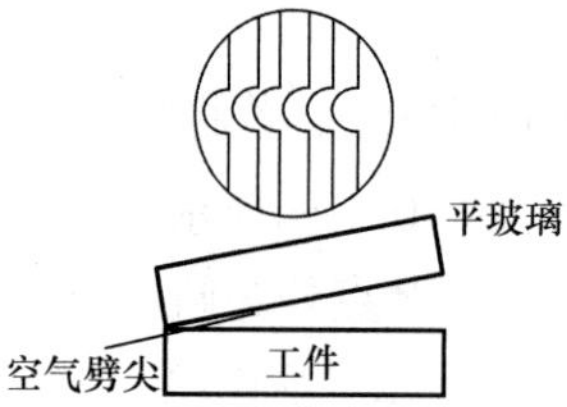

习题 10-6 图

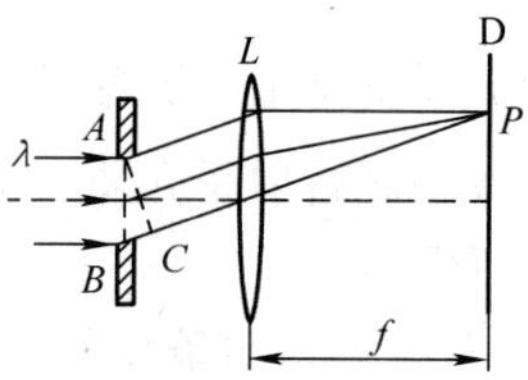

习题 10-7 图

10-8　波长为 λ 的单色光垂直入射于光栅常数为 d、缝宽为 a、总缝数为 N 的光栅上。取 $k=0$，±1，$\pm2\cdots$，则决定出现主极大的衍射角 θ 的公式可写成：

（A）$Na\sin\theta=k\lambda$；　（B）$a\sin\theta=k\lambda$；

（C）$Nd\sin\theta=k\lambda$；　（D）$d\sin\theta=k\lambda$。　[D]

10-9　一束光是自然光和线偏振光的混合光，让它垂直通过一偏振片。若以此入射光束为轴旋转偏振片，测得透射光强度最大值是最小值的 5 倍，那么入射光束中自然光与线偏振光的光强比值为：

（A）1/2；　（B）1/3；

（C）1/4；　（D）1/5。　[A]

10-10　自然光以 60°的入射角照射到某两介质交界面时，反射光为完全线偏振光，则知折射光为：

（A）完全线偏振光且折射角是 30°；

（B）部分偏振光且只是在该光由真空入射到折射率为$\sqrt{3}$的介质时，折射角是 30°；

（C）部分偏振光，但须知两种介质的折射率才能确定折射角；

(D) 部分偏振光且折射角是30°。 [D]

10-11 一个平凸透镜的顶点和一平板玻璃接触，用单色光垂直照射，观察反射光形成的牛顿环，测得中央暗斑外第 k 个暗环半径为 r_1。现将透镜和玻璃板之间的空气换成某种液体（其折射率小于玻璃的折射率），第 k 个暗环的半径变为 r_2，由此可知该液体的折射率为________。

答案：r_1^2/r_2^2

10-12 在空气中有一劈形透明膜，其劈尖角 $\theta=1.0\times10^{-4}\text{rad}$，在波长 $\lambda=700\text{nm}$ 的单色光垂直照射下，测得两相邻干涉明条纹间距 $l=0.25\text{cm}$，由此可知此透明材料的折射率 $n=$________。

答案：1.40

10-13 若在迈克尔逊干涉仪的可动反射镜M移动0.620mm过程中，观察到干涉条纹移动了2300条，则所用光波的波长为________ nm。

答案：539.1

10-14 波长为600nm的单色平行光，垂直入射到缝宽为 $a=0.60\text{mm}$ 的单缝上，缝后有一焦距 $f'=60\text{cm}$ 的透镜，在透镜焦平面上观察衍射图样。则：中央明纹的宽度为________，两个第3级暗纹之间的距离为________。

答案：1.2mm；3.6mm

10-15 波长为 λ 的单色光垂直入射在缝宽 $a=4\lambda$ 的单缝上。对应于衍射角 $\varphi=30°$，单缝处的波面可划分为________个半波带。

答案：4

10-16 惠更斯引入________的概念提出了惠更斯原理，菲涅耳再用________的思想补充了惠更斯原理，发展成了惠更斯－菲涅耳原理。

答案：子波；子波相干叠加

10-17 某单色光垂直入射到一个每毫米有800条刻线的光栅上，如果第一级谱线的衍射角为30°，则入射光的波长应为________。

答案：6250Å（或625nm）

10-18 一束平行的自然光，以60°角入射到平玻璃表面上。若反射光束是完全偏振的，则透射光束的折射角是________；玻璃的折射率为________。

答案：30°；1.73

10-19 白色平行光垂直入射到间距为 $a=0.25\text{mm}$ 的双缝上，距 $D=50\text{cm}$ 处放置屏幕，分别求第1级和第5级明纹彩色带的宽度。这里说的“彩色带宽度”指两个极端波长的同级明纹中心之间的距离。（设白光的波长范围是从400nm到760nm）（$1\text{nm}=10^{-9}\text{m}$）

解：由公式 $x=kD\lambda/a$ 可知波长范围为 $\Delta\lambda$ 时，明纹彩色宽度为

$$\Delta x_k=kD\Delta\lambda/a$$

由 $k=1$ 可得，第1级明纹彩色带宽度为

$$\Delta x_1=500\times(760-400)\times10^{-6}/0.25\text{mm}=0.72\text{mm}$$

$k=5$ 可得，第5级明纹彩色带的宽度为

$$\Delta x_5=5\cdot\Delta x_1=3.6\text{mm}$$

10-20 用波长为 λ_1 的单色光垂直照射牛顿环装置时，测得中央暗斑外第1和第4暗环

半径之差为 l_1，而用未知单色光垂直照射时，测得第 1 和第 4 暗环半径之差为 l_2，求未知单色光的波长 λ_2。

解：由牛顿环暗环半径公式 $$r_k = \sqrt{kR\lambda}$$

根据题意可得

$$l_1 = \sqrt{4R\lambda_1} - \sqrt{R\lambda_1} = \sqrt{R\lambda_1}$$

$$l_2 = \sqrt{4R\lambda_2} - \sqrt{R\lambda_2} = \sqrt{R\lambda_2}$$

$$\lambda_2/\lambda_1 = l_2^2/l_1^2$$

$$\lambda_2 = l_2^2\lambda_1/l_1^2$$

10-21　(1) 在单缝夫琅禾费衍射实验中，垂直入射的光有两种波长，$\lambda_1 = 400\text{nm}$，$\lambda_2 = 760\text{nm}$。已知单缝宽度 $a = 1.0\times10^{-2}\text{cm}$，透镜焦距 $f = 50\text{cm}$，求两种光第 1 级衍射明纹中心之间的距离。

(2) 若用光栅常数 $d = 1.0\times10^{-3}\text{cm}$ 的光栅替换单缝，其他条件和上一问相同，求两种光第 1 级主极大之间的距离。

解：(1) 由单缝衍射明纹公式可知

$$a\sin\varphi_1 = \frac{1}{2}(2k+1)\lambda_1 = \frac{3}{2}\lambda_1 \quad (\text{取 } k = 1)$$

$$a\sin\varphi_2 = \frac{1}{2}(2k+1)\lambda_2 = \frac{3}{2}\lambda_2$$

$$\tan\varphi_1 = x_1/f,\ \tan\varphi_2 = x_2/f$$

由于 $$\sin\varphi_1 \approx \tan\varphi_1,\ \sin\varphi_2 \approx \tan\varphi_2$$

所以 $$x_1 = \frac{3}{2}f\lambda_1/a$$

$$x_2 = \frac{3}{2}f\lambda_2/a$$

则两个第一级明纹之间距为

$$\Delta x = x_2 - x_1 = \frac{3}{2}f\Delta\lambda/a = 0.27\text{cm}$$

(2) 由光栅衍射主极大的公式

$$d\sin\varphi_1 = k\lambda_1 = 1\lambda_1$$

$$d\sin\varphi_2 = k\lambda_2 = 1\lambda_2$$

且有 $$\sin\varphi \approx \tan\varphi = x/f$$

所以 $$\Delta x = x_2 - x_1 = f\Delta\lambda/d = 1.8\text{cm}$$

10-22　波长 $\lambda = 600\text{nm}$ 的单色光垂直入射到一光栅上，测得第 2 级主极大的衍射角为 30°，且第 3 级是缺级：

(1) 光栅常数 $(a+b)$ 等于多少？

(2) 透光缝可能的最小宽度 a 等于多少？

(3) 在选定了上述 $(a+b)$ 和 a 之后，求在衍射角 $-\frac{1}{2}\pi < \varphi < \frac{1}{2}\pi$ 范围内可能观察到的全部主极大的级次。

解：(1) 由光栅衍射主极大公式得

$$a+b=\frac{k\lambda}{\sin\varphi}=2.4\times10^{-4}\text{cm}$$

（2）若第3级不缺级，则由光栅公式得

$$(a+b)\ \sin\varphi'=3\lambda$$

由于第3级缺级，则对应于最小可能的a、φ'方向应是单缝衍射第1级暗纹：两式比较，得

$$a\sin\varphi'=\lambda$$

$$a=(a+b)/3=0.8\times10^{-4}\text{cm}$$

（3）

$$(a+b)\sin\varphi=k\lambda,(\text{主极大})$$

$$a\sin\varphi=k'\lambda,(\text{单缝衍射极小})\quad(k'=1,2,3,\cdots)$$

因此

$$k=3,\ 6,\ 9,\ \cdots\text{缺级。}$$

又因为$k_{max}=(a+b)/\lambda=4$，所以实际呈现$k=0$，±1，±2级明纹。（$k=\pm4$在$\pi/2$处看不到）

10.3　波动光学章节训练

1. 选择题

10-1　单色平行光垂直照射在薄膜上，经上下两表面反射的两束光发生干涉，如选择题10-1图所示，若薄膜的厚度为e，且$n_1 < n_2 > n_3$，λ_1为入射光在n_1中的波长，则两束光的光程差为［　　］。

（A）$2n_2e$；　　（B）$2n_2e-\lambda_1/(2n_1)$；

（C）$2n_2e-(1/2)n_1\lambda_1$；　　（D）$2n_2e-(1/2)n_2\lambda_1$。

10-2　平板玻璃和凸透镜构成牛顿环装置，全部浸入$n=1.60$的液体中，如选择题10-2图所示，凸透镜可沿OO'移动，用波长$\lambda=500\text{nm}$（$1\text{nm}=10^{-9}\text{m}$）的单色光垂直入射。从上向下观察，看到中心是一个暗斑，此时凸透镜顶点距平板玻璃的距离最少是［　　］。

（A）156.3nm；　　（B）148.8nm；

（C）78.1nm；　　（D）74.4nm。

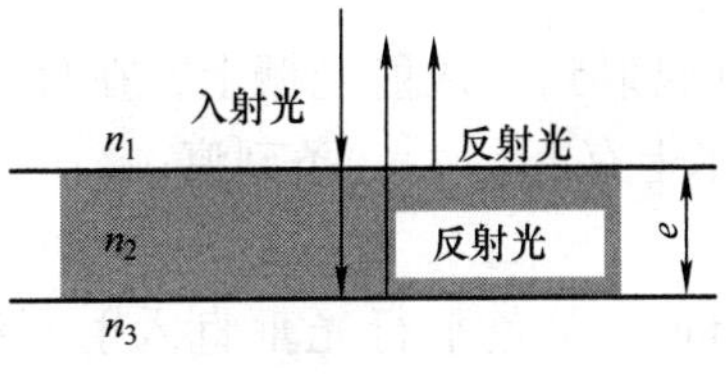

选择题10-1图

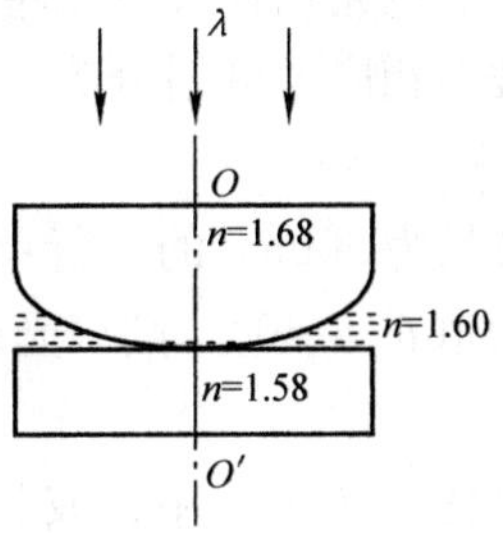

选择题10-2图

10-3　在单缝的夫朗和费衍射实验中，屏幕上第2级暗纹所对应的单缝处波面可划分的半波带数为［　　］。

（A）2；　　（B）4；

（C）6；　　　　　　　　（D）8。

10-4　一束平行单色光垂直入射到光栅上，当光栅常数（$a+b$）为下列哪种情况时（a 代表每条缝为宽度），$k=3$、6、9 等级次的主极大均不出现？[　　]

（A）$a+b=2a$；　　　　　　（B）$a+b=3a$；

（C）$a+b=4a$；　　　　　　（D）$a+b=6a$。

10-5　在双缝衍射实验中，若保持双缝 s_1 和 s_2 的中心之间的距离 d 不变，而把两条缝的宽度 a 略微加宽，则：[　　]

（A）单缝衍射的中央主极大变宽，其中所包含的干涉条纹数目变少；

（B）单缝衍射的中央主极大变宽，其中所包含的干涉条纹数目变多；

（C）单缝衍射的中央主极大变宽，其中所包含的干涉条纹数目不变；

（D）单缝衍射的中央主极大变窄，其中所包含的干涉条纹数目变少；

（E）单缝衍射的中央主极大变窄，其中所包含的干涉条纹数目变多。

2. 填空题

10-1　如填空题 10-1 图所示，假设有两个同相的相干点光源 S_1 和 S_2，发出波长为 λ 的光。A 是它们连线的中垂线上的一点，若在 S_1 与 A 之间插入厚度为 e、折射率为 n 的薄玻璃片，则两光源发出的光在 A 点的相位差 $\Delta\phi=$________。若已知 $\lambda=500\text{nm}$，$n=1.5$，A 点恰为第 4 级明纹中心，则 $e=$________ nm。（$1\text{nm}=10^{-9}\text{m}$）

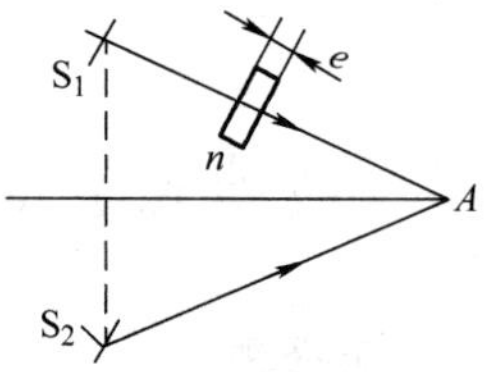

填空题 10-1 图

10-2　如填空题 10-2 图所示，在双缝干涉实验中 $SS_1=SS_2$，用波长为 λ 的光照射双缝 S_1 和 S_2，通过空气后在屏幕 E 上形成干涉条纹。已知 P 点处为第 3 级明条纹，则 S_1 和 S_2 到 P 点的光程差为________。若将整个装置放于某种透明液体中，P 点为第 4 级明条纹，则该液体的折射率 $n=$________。

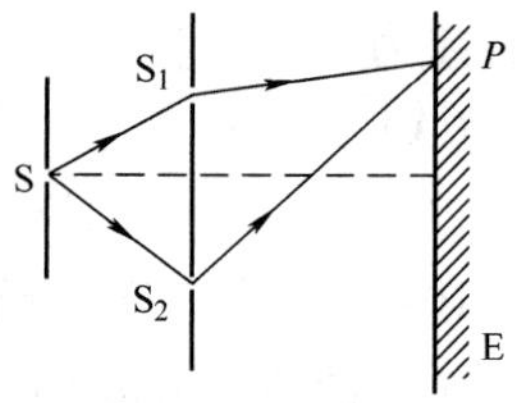

填空题 10-2 图

10-3　如果单缝夫琅禾费衍射的第 1 级暗纹发生在衍射角为 30° 的方位上，所用单色光波长 $\lambda=5\times10^3\text{Å}$，则单缝宽度为________ m。

10-4　平行单色光垂直入射于单缝上，观察夫琅禾费衍射。若屏上 P 点处为第 3 级暗纹，则单缝处波面相应地可划分为________ 个半波带，若将单缝宽度减小一半，P 点将是________级________ 纹。

10-5　用波长为 500nm 的平行单色光垂直照射到一透射光栅上，在分光计上测得第 1 级光谱线的衍射角 $\theta=30°$，则该光栅每一毫米上有________ 条刻痕。

3. 计算题

10-1　在双缝干涉实验中，波长 $\lambda=550\text{nm}$ 的单色平行光垂直入射到缝间距 $a=2\times10^{-4}\text{m}$ 的双缝上，屏到双缝的距离 $d=2\text{m}$。求：

（1）中央明纹两侧的两条第 10 级明纹中心的间距；（2）用一厚度为 $e=6.6\times10^{-5}\text{m}$、折射率为 $n=1.58$ 的玻璃片覆盖一缝后，零级明纹将移到原来的第几级明纹处？（$1\text{nm}=10^{-9}\text{m}$）

10-2 江西赛维太阳能公司招聘技术员，要求无损检测在单晶硅上氧化后的二氧化硅的厚度，所用光源的波长可以连续改变，在500nm与700nm这两个波长处观察到反射光完全相消，而且在这两个波长之间的其他波长都不发生完全相消。已知Si的折射率为3.42，SiO_2的折射率为1.46，求SiO_2膜的厚度。

10-3 一衍射光栅，每厘米200条透光缝，每条透光缝宽为$a=2\times10^{-3}$cm，在光栅后放一焦距$f=1$m的凸透镜，现以$\lambda=600$nm（$1\text{nm}=10^{-9}$m）的单色平行光垂直照射光栅。求：

（1）透光缝a的单缝衍射中央明条纹宽度为多少?

（2）在该宽度内，有几个光栅衍射主极大?

第 11 章　热力学基础

本章内容与教材第 11 章内容相对应。

11.1　学习要点与重要公式

1. 热力学的基本概念

（1）准静态过程　过程进行的无限缓慢，过程中的每一中间态都可看做平衡态，这样的过程称为准静态过程，也称为平衡过程。气体的平衡态在 $p-V$ 图上可用一个点表示，气体的准静态过程在 $p-V$ 图上可用一条线表示。

（2）功　功是过程量，准静态过程中系统所做的功为

$$A = \int_{V_1}^{V_2} p\mathrm{d}V$$

它在数值上等于 $p-V$ 图上过程曲线下面所夹的面积，如图 11-1 所示。

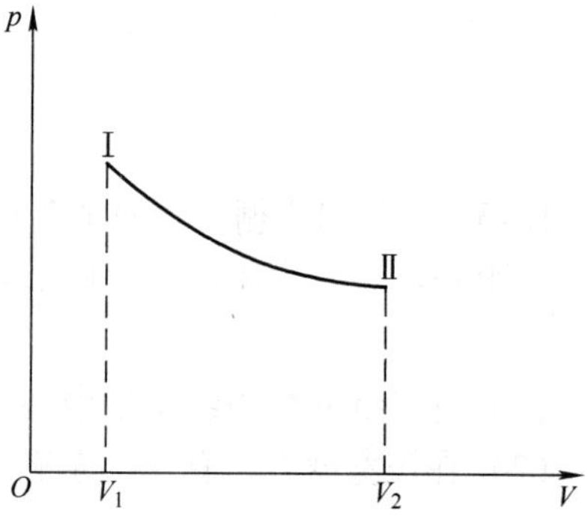

图　11-1

（3）热量　热量是过程量，当气体的温度发生变化时，它所吸收的热量为

$$Q = \frac{M}{\mu} C_{\mathrm{m}} \Delta T$$

式中，C_{m} 为摩尔热容，与过程无关。若为等体过程，则 $C_{\mathrm{m}} = C_{V,\mathrm{m}}$；若为等压过程，则 $C_{\mathrm{m}} = C_{p,\mathrm{m}}$。而 $C_{V,\mathrm{m}} = \frac{i}{2}R$ 称为摩尔定体热容，$C_{p,\mathrm{m}} = \frac{i+2}{2}R$ 称为摩尔定压热容，$\gamma = \frac{C_{p,\mathrm{m}}}{C_{V,\mathrm{m}}} = \frac{i+2}{i}$ 称为摩尔热容比。对于理想气体绝热过程，有

$$pV^{\gamma} = 常量，V^{\gamma-1}T = 常量，p^{\gamma-1}T^{-\gamma} = 常量$$

（4）内能　内能是状态量，一般气体的内能是气体的温度和体积的函数，即 $E = E(V, T)$，而理想气体的内能仅为温度的函数，即

$$E = E(T) = \frac{M}{\mu}\frac{i}{2}RT$$

（5）可逆过程和不可逆过程　一个系统，由某一状态 A 出发，经过某一过程到另一状态 B，如果存在另一过程，它能使系统和外界完全复原，则系统的原过程称为可逆过程。反之，如果用任何方法都不可能使系统和外界完全复原，则称为不可逆过程。各种实际宏观过程都是不可逆过程，只有理想的、无摩擦的准静态过程才是可逆过程。

2. 热力学的基本定律

（1）热力学第一定律　与热现象有关的能量转换与守恒定律

$$Q = \Delta E + A$$

式中，系统吸热，Q 取正值，系统放热，Q 取负值；系统内能增加，ΔE 取正值，系统内能减少，ΔE 取负值；系统对外界做功，A 去正值，外界对系统做功，A 取负值。

对于微小的元过程，$dQ = dE + dA$。

（2）热力学第二定律　反映热力学过程方向性的规律。

① 开尔文表述（第二类永动机是不可能制成的）

不可能制成一种循环工作的热机，只从单一热源吸收热量使之完全变为有用功而不产生其他影响。

② 克劳修斯表述（热传导具有方向性）

热量不能自动的从低温物体传向高温物体。

③ 热力学第二定律的宏观意义　一切与热现象有关的实际过程都是单方向进行的不可逆过程。

④ 热力学第二定律的微观意义　孤立系统内部发生的过程，总是由包含微观状态数目少的宏观态，向包含微观状态数目多的宏观态进行，由热力学概率小的状态向热力学概率大的状态进行，由有序状态向无序状态进行。

3. 循环过程

（1）特征　循环过程在 $p-V$ 图上用一闭合曲线表示，经历一个循环过程后，系统的内能复原，即 $\Delta E = 0$。

（2）效率

① 正循环　沿顺时针方向进行的循环称为正循环，工作在正循环过程下的机器称为热机。它从高温热源吸收热量 Q_1，对外做净功 A 后，多余的能量以热量 Q_2 的形式释放给低温热源，其效率为

$$\eta = \frac{A}{Q_1} = \frac{Q_1 - |Q_2|}{Q_1} = 1 - \frac{|Q_2|}{Q_1}$$

② 逆循环　沿逆时针方向进行的循环称为逆循环，工作在逆循环下的机器称为制冷机。它在外界对系统做净功 A 的驱动下，被迫从低温吸收热量 Q_2，然后将所有增加的这部分能量以热量 Q_1 的形式向高温热源释放。其制冷系数（即制冷效率）为

$$w = \frac{Q_2}{|A|} = \frac{Q_2}{|Q_1| - Q_2}$$

4. 卡诺循环

（1）特征　工作物质为理想气体，由两个等温和两个绝热过程组成，系统只与高、低温热源交换热量。

（2）效率

① 卡诺热机　$$\eta = \frac{A}{Q_1} = 1 - \frac{|Q_2|}{Q_1} = 1 - \frac{T_2}{T_1}$$

② 卡诺制冷机　$$w_{卡} = \frac{Q_2}{|A|} = \frac{Q_2}{|Q_1| - Q_2} = \frac{T_2}{T_1 - T_2}$$

5. 熵

（1）熵函数　熵（S）是系统的状态函数，用它来判断自发过程的方向。

（2）熵变量度　系统与外界有能量交换时，系统从状态 1 变化到状态 2，熵的变化必须

满足

$$\Delta S = S_2 - S_1 \geqslant \int_1^2 \frac{dQ}{T}$$

可逆过程时为等号，不可逆过程均为大于号。

（3）熵增加原理　孤立系统中发生的任何不可逆过程，其熵变必定增加。熵只有在对可逆过程才是不变的，即

$$\Delta S = S_2 - S_1 \geqslant 0$$

（4）熵与热力学概率的关系

$$S = k\ln\Omega$$

上式表明：孤立系统内的熵 S 随热力学概率 Ω 增大而增大。

11.2　习题解答

11-1　一物质系统从外界吸收一定的热量，则：

（A）系统的内能一定增加；

（B）系统的内能一定减少；

（C）系统的内能一定保持不变；

（D）系统的内能可能增加，也可能减少或保持不变。　　[D]

11-2　如习题 11-2 图所示，一定量理想气体从体积 V_1，膨胀到体积 V_2分别经历的过程是：$A\to B$ 等压过程，$A\to C$ 等温过程；$A\to D$ 绝热过程，其中吸热量最多的过程：

（A）是 $A\to B$；　　（B）是 $A\to C$；

（C）是 $A\to D$；　　（D）既是 $A\to B$ 也是 $A\to C$，两过程吸热一样多。

[A]

11-3　如习题 11-3 图所示，一定量的理想气体经历 acb 过程时吸热 500J，则经历 $acbda$ 过程时，吸热为：

（A）-1200J；　　（B）-700J；

（C）-400J；　　（D）700J。　　[B]

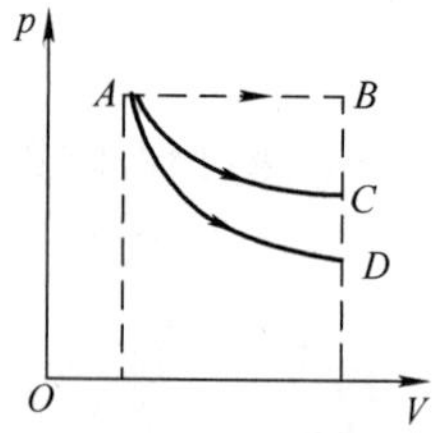

习题 11-2 图

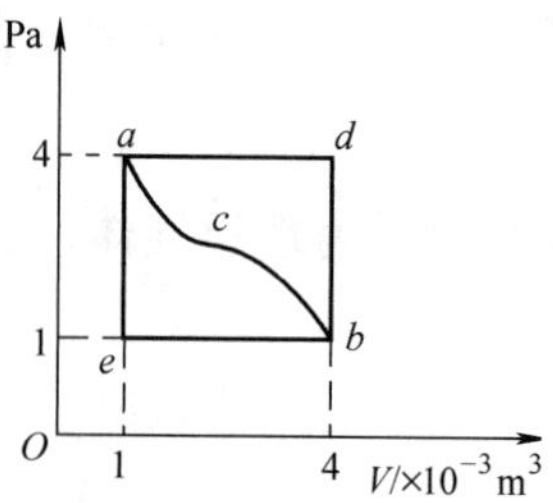

习题 11-3 图

11-4　一定量的理想气体，分别进行如习题 11-4 图所示的两个卡诺循环 $abcda$ 和 $a'b'c'd'a'$。若在 $p-V$ 图上这两个循环曲线所围面积相等，则可以由此得知这两个循环：

（A）效率相等；

（B）由高温热源处吸收的热量相等；

（C）在低温热源处放出的热量相等；

（D）在每次循环中对外做的净功相等。 [D]

11-5 如习题 11-5 图所示，理想气体卡诺循环过程的两条绝热线下的面积大小（图中阴影部分）分别为 S_1 和 S_2，则二者的大小关系是：

（A）$S_1 > S_2$； （B）$S_1 = S_2$；

（C）$S_1 < S_2$； （D）无法确定。 [B]

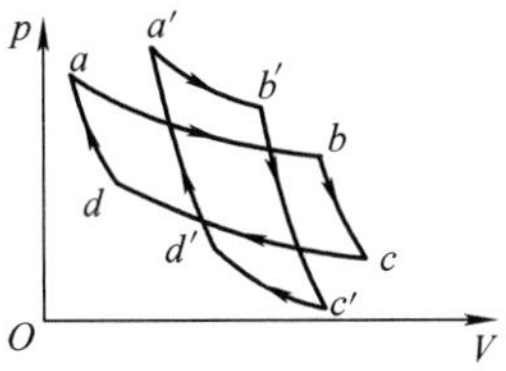

习题 11-4 图

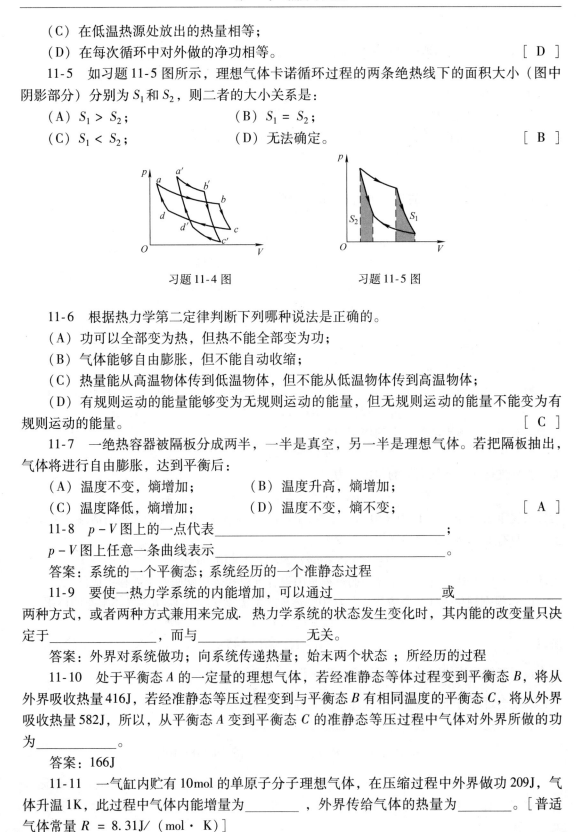

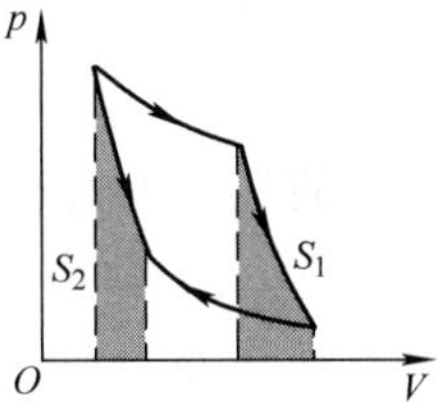

习题 11-5 图

11-6 根据热力学第二定律判断下列哪种说法是正确的。

（A）功可以全部变为热，但热不能全部变为功；

（B）气体能够自由膨胀，但不能自动收缩；

（C）热量能从高温物体传到低温物体，但不能从低温物体传到高温物体；

（D）有规则运动的能量能够变为无规则运动的能量，但无规则运动的能量不能变为有规则运动的能量。 [C]

11-7 一绝热容器被隔板分成两半，一半是真空，另一半是理想气体。若把隔板抽出，气体将进行自由膨胀，达到平衡后：

（A）温度不变，熵增加； （B）温度升高，熵增加；

（C）温度降低，熵增加； （D）温度不变，熵不变； [A]

11-8 $p-V$ 图上的一点代表________________________；

$p-V$ 图上任意一条曲线表示________________________。

答案：系统的一个平衡态；系统经历的一个准静态过程

11-9 要使一热力学系统的内能增加，可以通过____________或____________两种方式，或者两种方式兼用来完成. 热力学系统的状态发生变化时，其内能的改变量只决定于____________，而与____________无关。

答案：外界对系统做功；向系统传递热量；始末两个状态 ；所经历的过程

11-10 处于平衡态 A 的一定量的理想气体，若经准静态等体过程变到平衡态 B，将从外界吸收热量 416J，若经准静态等压过程变到与平衡态 B 有相同温度的平衡态 C，将从外界吸收热量 582J，所以，从平衡态 A 变到平衡态 C 的准静态等压过程中气体对外界所做的功为__________。

答案：166J

11-11 一气缸内贮有 10mol 的单原子分子理想气体，在压缩过程中外界做功 209J，气体升温 1K，此过程中气体内能增量为________，外界传给气体的热量为________。［普适气体常量 $R = 8.31\text{J}/(\text{mol}\cdot\text{K})$］

答案：124.7J；－84.3J

11-12　一定量的某种理想气体在等压过程中对外做功为 200J。若此种气体为单原子分子气体，则该过程中需吸热________J；若为双原子分子气体，则需吸热________J。

答案：500；700

11-13　由绝热材料包围的容器被隔板隔为两半，左边是理想气体，右边真空。如果把隔板撤去，气体将进行自由膨胀过程，达到平衡后气体的温度________（升高、降低或不变），气体的熵________（增加、减小或不变）。

答案：不变；增加

11-14　一侧面绝热的气缸内盛有 1mol 的单原子分子理想气体。气体的温度 $T_1=273\text{K}$，活塞外气压 $p_0=1.01\times10^5\text{Pa}$，活塞面积 $S=0.02\text{m}^2$，活塞质量 $m=102\text{kg}$（活塞绝热、不漏气且与气缸壁的摩擦可忽略）。由于气缸内小突起物的阻碍，活塞起初停在距气缸底部为 $l_1=1\text{m}$ 处。今从底部极缓慢地加热气缸中的气体，使活塞上升了 $l_2=0.5\text{m}$ 的一段距离，如习题 11-14 图所示。试通过计算指出：

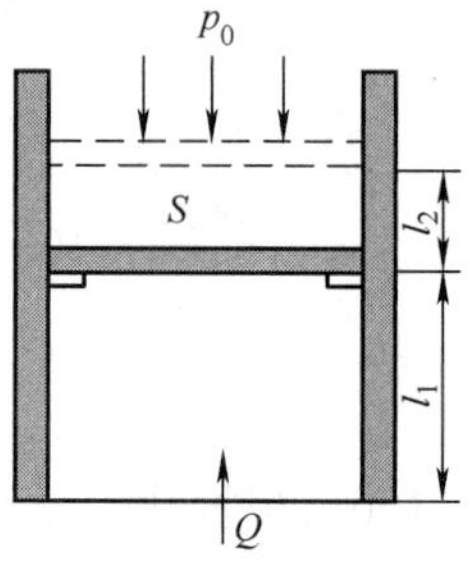

习题 11-14 图

（1）气缸中的气体经历的是什么过程？

（2）气缸中的气体在整个过程中吸了多少热量？

解：（1）令 p_1、V_1 分别表示气缸中气体初态的压强和体积，根据理想气体状态方程

$$p_1=RT_1/V_1=RT_1/Sl_1=1.13\times10^5\ \text{Pa}$$

因而气缸中气体施于活塞向上的作用力为

$$f_1=p_1S=2.28\times10^3\text{N}$$

而气缸外气体施于活塞向下的作用力为

$$f_0=p_0S=2.02\times10^3\text{N}$$

活塞所受重力 $=mg=1.00\times10^3\text{N}$，显然 $mg+p_0S>p_1S$，所以开始加热时活塞并不立即上升，只有加热到气缸中的气体压强变为

$$p_2=(p_0S+mg)/S=1.51\times10^5\text{Pa}$$

时活塞才开始上升。所以气体经历的过程是由等容升温和等压膨胀两个过程组成。

（2）根据理想气体状态方程，气缸中气体末态的温度 $T_2=p_2V_2/R$，气体末态的体积

$$V_2=(l_1+l_2)S$$

所以

$$T_2=p_2(l_1+l_2)S/R=545\text{K}$$

整个过程气体内能的增量　$\Delta E=C_V(T_2-T_1)=\dfrac{3}{2}R(T_2-T_1)$

气体在整个过程对外做的功等于等压过程对外做的功 $W=W_p=p_2l_2S$

气体在整个过程中吸的热量为 Q，根据热力学第一定律

$$Q=\Delta E+W=\frac{3}{2}R(T_2-T_1)+p_2l_2S=4.90\times10^3\text{J}$$

11-15　1mol 理想气体在 $T_1=400\text{K}$ 的高温热源与 $T_2=300\text{K}$ 的低温热源间做卡诺循环（可逆的），在 400K 的等温线上起始体积为 $V_1=0.001\text{m}^3$，终止体积为 $V_2=0.005\text{m}^3$，试求此气体在每一循环中

（1）从高温热源吸收的热量 Q_1；

（2）气体所做的净功 W；

（3）气体传给低温热源的热量 Q_2。

解：（1）
$$Q_1 = RT_1\ln(V_2/V_1) = 5.35\times10^3\text{J}$$

（2）
$$\eta = 1-\frac{T_2}{T_1} = 0.25$$
$$W = \eta Q_1 = 1.34\times10^3\text{J}$$

（3）
$$Q_2 = Q_1 - W = 4.01\times10^3\text{J}$$

11-16　一定量的理想气体在标准状态下体积为 $1.0\times10^{-2}\text{m}^3$，求下列过程中气体吸收的热量：

（1）等温膨胀到体积为 $2.0\times10^{-2}\text{m}^3$；

（2）先等体冷却，再等压膨胀到（1）中所到达的终态。

已知 $1\text{atm} = 1.013\times10^5\text{Pa}$，并设气体的 $C_V = 5R/2$。

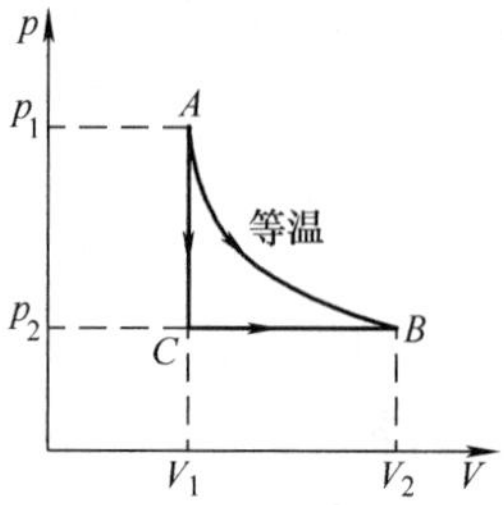

习题 11-16 图

解：（1）如习题 11-16 图，在 $A\to B$ 的等温过程中，$\Delta E_T = 0$，　1 分

所以 $Q_T = W_T = \int_{V_1}^{V_2} p\text{d}V = \int_{V_1}^{V_2}\frac{p_1V_1}{V}\text{d}V = p_1V_1\ln(V_2/V_1)$　3 分

将 $p_1 = 1.013\times10^5\ \text{Pa}$，$V_1 = 1.0\times10^{-2}\text{m}^3$ 和 $V_2 = 2.0\times10^{-2}\text{m}^3$

代入上式，得
$$Q_T \approx 7.02\times10^2\text{J}$$

（2）$A\to C$ 等体和 $C\to B$ 等压过程中

因为 A、B 两态温度相同，$\therefore\ \Delta E_{ABC} = 0$

所以
$$Q_{ACB} = W_{ACB} = W_{CB} = P_2（V_2 - V_1）$$

又
$$p_2 = （V_1/V_2）p_1 = 0.5\text{atm}$$

所以 $Q_{ACB} = 0.5\times1.013\times10^5\times（2.0-1.0）\times10^{-2}\text{J}\approx5.07\times10^2\text{J}$

11-17　如习题 11-17 图所示，设一动力暖气装置由一台卡诺热机和一台卡诺制冷机组合而成。热机靠燃料燃烧时释放的热量工作并向暖气系统中的水放热，同时，热机带动制冷机。制冷机自天然蓄水池中吸热，也向暖气系统放热。假定热机锅炉的温度为 $T_1 = 483.15\text{K}$，天然蓄水池中水的温度为 $T_2 = 288.15\text{K}$，暖气系统的温度为 $T_3 = 333.15\text{K}$，热机从燃料燃烧时获得热量 $Q_1 = 2.1\times10^7\text{J}$，计算暖气系统所得热量。

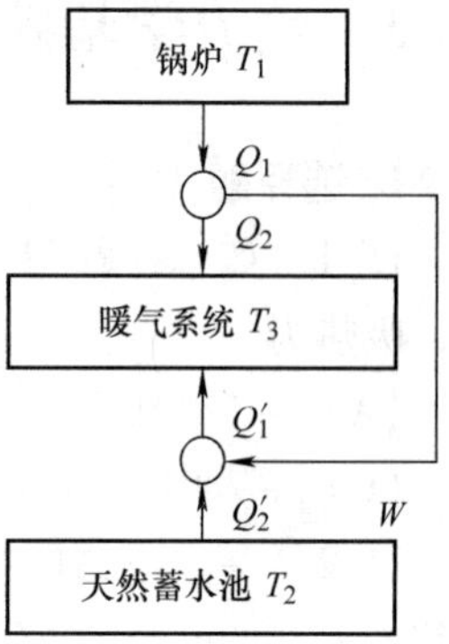

习题 11-17 图

解：由卡诺循环效率可得热机放出的热量
$$Q_2 = Q_1\frac{T_3}{T_1}$$

卡诺热机输出的功　　$W = \eta Q_1 = （1-\frac{T_3}{T_1}）Q_1$

由热力学第一定律可得致冷机向暖气系统放出的热量
$$Q'_1 = Q'_2 + W$$

卡诺致冷机是逆向的卡诺循环，同样有

$$Q'_2 = Q'_1 \frac{T_2}{T_3}$$

由此解得
$$Q'_1 = \frac{WT_3}{T_3 - T_2} = \frac{T_3 Q_1}{T_3 - T_2}\left(1 - \frac{T_3}{T_1}\right)$$

暖气系统总共所得热量
$$Q = Q_2 + Q'_1 = \frac{(T_1 - T_2)\ T_3}{(T_3 - T_2)\ T_1} Q_1 = 6.27 \times 10^7 \mathrm{J}$$

11-18　理想气体分别经等温过程和绝热过程由体积 V_1 膨胀到 V_2：

（1）用过程方程证明绝热线比等温线陡些；

（2）用分子运动论的观点说明绝热线比等温线陡的原因。

证：（1）等温过程 $pV = C$

$$p\mathrm{d}V + V\mathrm{d}p = 0, \qquad (\mathrm{d}p/\mathrm{d}V)_T = -(p/V)$$

绝热过程　$pV^\gamma = C$，　$(\mathrm{d}p/\mathrm{d}V)_Q = -\gamma (p/V)$

因为 $\gamma > 1$

所以在两线交点处绝热线的斜率较等温线斜率（绝对值）大，即绝热线较等温线陡些。

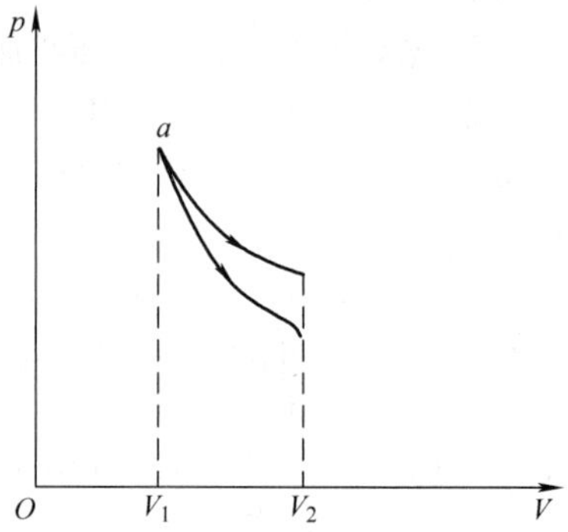

习题 11-18 图

（2）上述结果表明：同一气体从同一初态 a 做同样体积膨胀时，绝热过程压强降低得较等温过程大（见习题 11-18 图），由 $p = \frac{2}{3}n\left(\frac{1}{2}m\bar{v}^2\right)$ 可见，等温过程中 $\frac{1}{2}m\bar{v}^2$ 不变，p 的降低是由于体积膨胀过程 n 减小所引起的，而绝热过程中 $\frac{1}{2}m\bar{v}^2$ 减小而且 n 减小，所以绝热过程 p 的减少量较等温过程的大。

11.3　热力学基础章节训练

1. 选择题

11-1　如选择题 11-1 图，一定量的理想气体经历 acb 过程吸热 200J，则经历 $acbda$ 过程时，吸热为　　[　　]

（A）-1200J；　　（B）-1000J；

（C）-700J；　　（D）1000J。

11-2　一定量的理想气体分别由初态 a 经①过程 ab 和由初态 d 经②过程 dcb 到达相同的终态 b，如 $p-T$ 图（见选择题 11-2 图）所示，则两个过程中气体从外界吸收的热量 Q_1、Q_2 的关系为：　　[　　]

（A）$Q_1 < 0$，$Q_1 > Q_2$；　　（B）$Q_1 > 0$，$Q_1 > Q_2$；

（C）$Q_1 < 0$，$Q_1 < Q_2$；　　（D）$Q_1 > 0$，$Q_1 < Q_2$。

11-3　如选择题 11-3 图所示设某热力学系统经历一个由 $b \to c \to a$ 的准静态过程，a，b 两点在同一条绝热线上，该系统在 $b \to c \to a$ 过程中：　　[　　]

（A）只吸热，不放热；

（B）只放热，不吸热；

（C）有的阶段吸热，有的阶段放热，净吸热为正值；

（D）有的阶段吸热，有的阶段放热，净吸热为负值。

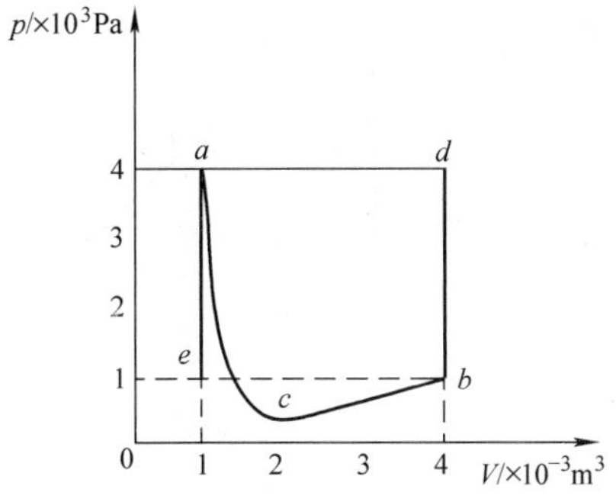

选择题 11-1 图

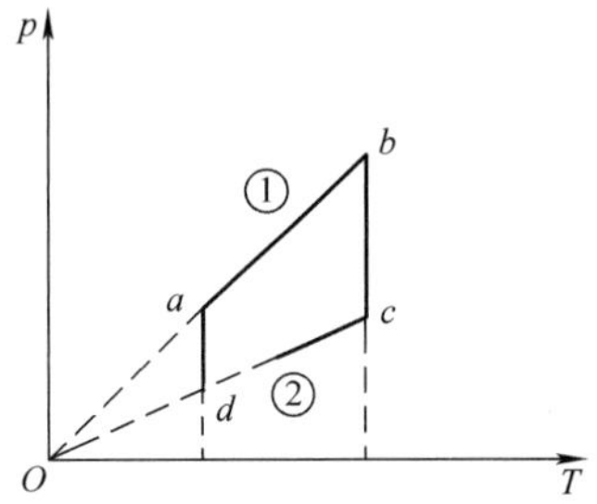

选择题 11-2 图

11-4　两个卡诺热机的循环曲线如选择题 11-4 图所示。一个工作在温度为 T_1 和 T_3 的两个热源之间，另一个工作在温度为 T_2 和 T_3 的两个热源之间，已知这两个循环曲线所围的面积相等，由此可知：［　　］

（A）两热机的效率一定相等；

（B）两热机从高温热源所吸收的热量一定相等；

（C）两热机向低温热源所放出的热量一定相等；

（D）两热机吸收的热量与放出的热量（绝对值）的差值一定相等。

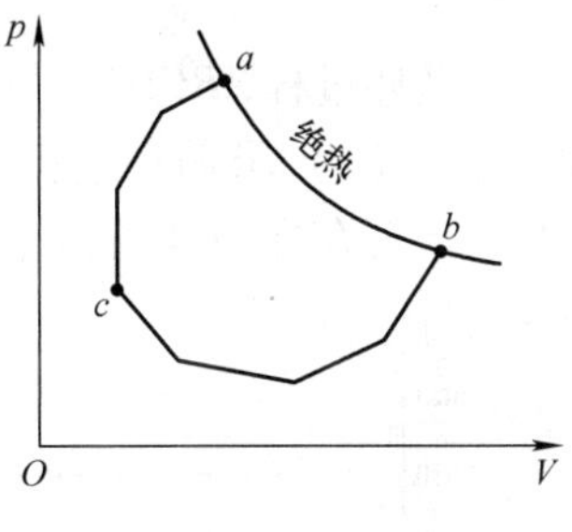

选择题 11-3 图

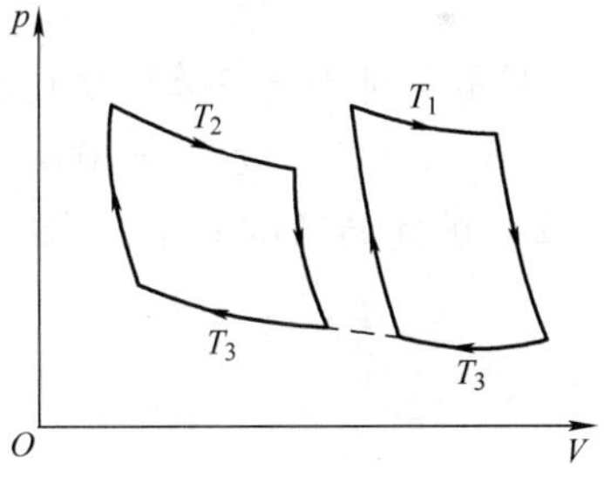

选择题 11-4 图

2. 填空题

11-1　系统与外界之间由于存在温度差而传递的能量叫做________。系统从外界吸收的热量一部分用于系统对外做功，另一部分用来增加系统的________。

11-2　设 3mol 的理想气体开始时处在压强 $p_1 = 6\text{atm}$，温度 $T_1 = 500\text{K}$ 的平衡态，经过一个等温过程，压强变为 $p_2 = 3\text{atm}$，该气体在此等温过程中吸收的热量为 $Q =$ ________ J。

11-3　2mol 单原子分子理想气体，经一等容过程后，温度从 200K 上升到 500K，若该过程为准静态过程，气体吸收的热量为________；若为不平衡过程，气体吸收的热量为________。

11-4　一台工作于温度分别为 127℃ 和 27℃ 的高温热源与低温热源之间的卡诺热机，每经历一个循环吸热 2000J，则对外做功________ J；热机的效率为________ 。

3. 计算题

11-1　一定量的理想气体，由状态 a 经 b 到达 c（如计算题 11-1 图所示，abc 为一直线）求此过程中：（1）气体对外做的功；（2）气体内能的增量；（3）气体吸收的热量。（$1\text{atm} = 1.013 \times 10^5\text{Pa}$）

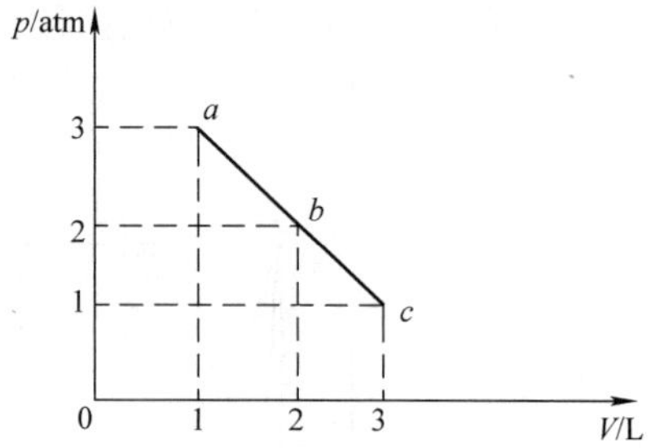

计算题 11-1 图

11-2　1mol 单原子分子理想气体的循环过程如 $T-V$ 图（见计算题 11-2 图）所示，其中 c 点的 $T_c = 600\text{K}$，试求：（1）ab、bc、ca 各个过程系统吸收的热量；（2）经一循环此系统所做的净功；（3）循环效率。

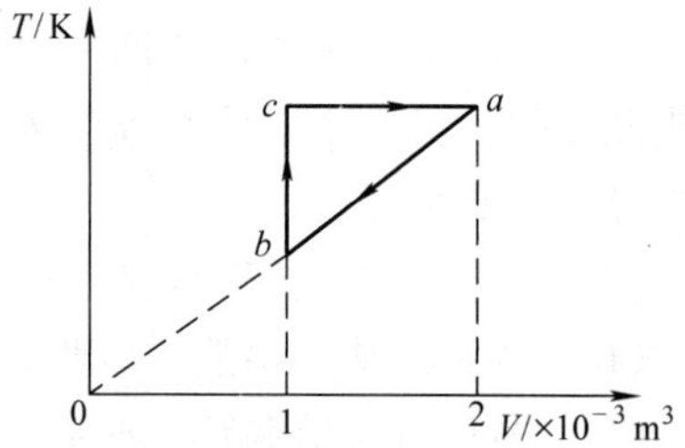

计算题 11-2 图

11-3　一定量的某种理想气体，从初态 A 出发经历一循环过程 $ABCDA$，最后返回初态 A 点，如计算题 11-3 图所示，设 $T_A = 300\text{K}$，$C_V = 3R/2$，求：（1）求循环过程中系统从外界吸收的净热；（2）求此循环的效率；（3）循环过程中，是否存在与 A 态内能相同的状态？如何得到？

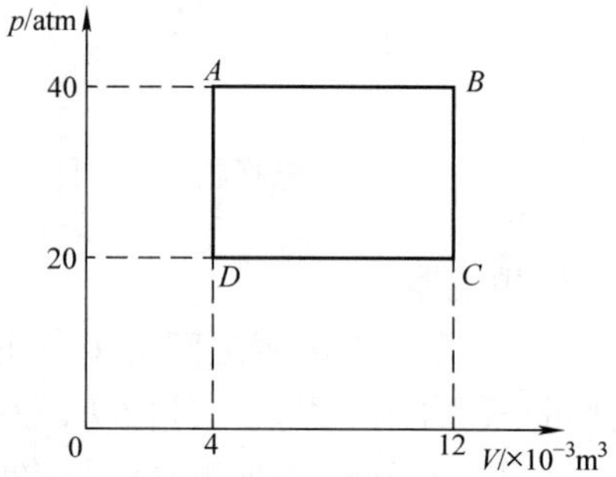

计算题 11-3 图

第 12 章　气体动理论

本章内容与教材第 12 章内容相对应。

12.1　学习要点与重要公式

1. 统计规律

对大量偶然事件进行统计而发现的规律称为统计规律。单个分子的热运动完全是随机的，但大量分子随机的热运动服从统计规律。

2. 气体的物态参量

对一定的气体，其宏观状态可用气体的体积 V、压强 p 和热力学温度 T 来描述。这三个物理量称为气体的物态参量。

3. 平衡态

在不与外界交换能量的条件下，一个热力学系统的宏观性质不随时间变化的状态称为平衡态。气体的平衡态在 $p-V$ 图上可用一个点来表示。

4. 理想气体状态方程

在平衡态下，理想气体满足方程

$$pV = \frac{M}{\mu}RT \text{ 或 } p = nkT$$

式中，$R = 8.31\text{J}/(\text{mol}\cdot\text{K})$；$k = 1.38\times10^{-23}\text{J/K}$

如果压强单位用标准大气压（atm），体积单位用升（L），则

$$R = 0.082\text{atm}/(\text{mol}\cdot\text{K})$$

5. 理想气体的压强和温度

（1）压强公式　$p = \frac{1}{3}nm\overline{v^2} = \frac{2}{3}n\overline{\varepsilon}_k$

（2）温度公式　$\overline{\varepsilon}_k = \frac{1}{2}m\overline{v^2} = \frac{3}{2}kT$

6. 能量按自由度的均分定理

在温度为 T 的平衡态下，气体分子的每一个自由度都具有相同的平均动能，其大小都等于$\frac{1}{2}kT$。

（1）一个分子的总平均动能　$\vec{\varepsilon} = \frac{i}{2}kT$

式中，i 为分子的自由度，单原子分子 $i=3$，刚性双原子分子 $i=5$，刚性多原子分子 $i=6$。

（2）1mol 理想气体的内能

$$E_{\text{mol}} = \frac{i}{2}RT$$

（3）质量为 M 的理想气体的内能

$$E=\frac{M}{\mu}\frac{i}{2}RT$$

7. 麦克斯韦速率分布律

（1）速率分布函数

$$f(v)=\frac{\mathrm{d}N}{N\mathrm{d}v}=4\pi\left(\frac{m}{2\pi kT}\right)^{3/2}\mathrm{e}^{-\frac{mv^2}{2kT}}v^2$$

物理意义：速率分布在 v 附近单位速率间隔内的分子数占总分子数的百分比，也表示气体中任一个分子的速率处在这一速率区间的概率。

（2）麦克斯韦速率分布律

$$\frac{\mathrm{d}N}{N}=f(v)\,\mathrm{d}v=4\pi\left(\frac{m}{2\pi kT}\right)^{3/2}\mathrm{e}^{-\frac{mv^2}{2kT}}v^2\mathrm{d}v$$

物理意义：分布在任一速率区间 $v\sim v+\mathrm{d}v$ 内的分子数 $\mathrm{d}N$ 占总分子数 N 的百分比，也表示气任一个分子的速率处在 $v\sim v+\mathrm{d}v$ 速率区间的概率。

（3）速率分布曲线

物理意义：形象地描绘了气体分子按速率（取 0 ~ ∞ 间的一切数值）分布的情况，如图 12-1 所示。图中曲线下的小矩形面积为 $f(v)\,\mathrm{d}v=\frac{\mathrm{d}N}{N}$，表示分布在速率区间 $v\sim v+\mathrm{d}v$ 内的分子数占总分子数的百分比，也表示分子的速率处在 $v\sim v+\mathrm{d}v$ 速率区间的概率；而任一有限范围内 $v_1\sim v_2$ 间隔内曲线下的面积为 $\int_{v_1}^{v_2}f(v)\,\mathrm{d}v$，则表示分布在速率 $v_1\sim v_2$ 区间内的分子数占总分子数的百分比，也表示分子的速率处在 $v_1\sim v_2$ 速率区间的概率。整个曲线下的面积为

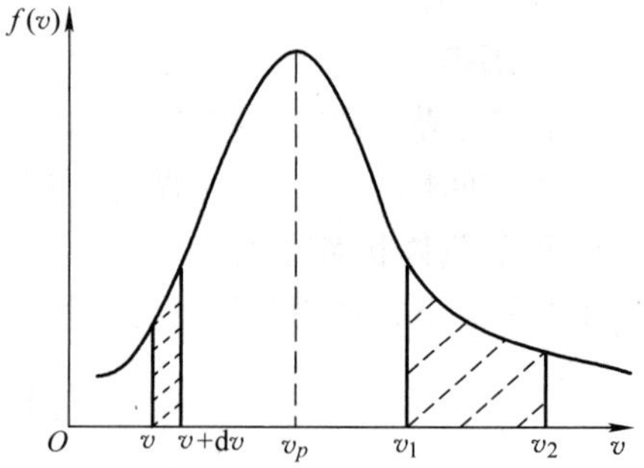

图　12-1

$$S=\int_0^{\infty}f(v)\,\mathrm{d}v=1$$

它是速率分布函数 $f(v)$ 必须满足的条件，称为速率分布函数的归一化条件。对应曲线的最大值的速率称为最概然速率 v_p，其物理意义是：在一定温度下，速率分布在 v_p 附近单位区间内的分子数目最多。

（4）三种统计速率

① 最概然速率（又称最可几速率）　$v_\mathrm{p}=\sqrt{\frac{2kT}{m}}=\sqrt{\frac{2RT}{\mu}}\approx1.414\sqrt{\frac{RT}{\mu}}$

② 平均速率　$\bar{v}=\sqrt{\frac{8kT}{\pi m}}=\sqrt{\frac{8RT}{\pi\mu}}\approx1.60\sqrt{\frac{RT}{\mu}}$

③ 方均根速率　$\sqrt{\overline{v^2}}=\sqrt{\frac{3kT}{m}}=\sqrt{\frac{3RT}{\mu}}\approx1.732\sqrt{\frac{RT}{\mu}}$

要正确运用这三种不同的速率来分析问题。在讨论速率分布时，用最概然速率；讨论分子碰撞时，用平均速率；讨论分子的平均平动动能时，用方均根速率。

8. 描述分子碰撞频繁程度的两个统计平均值

（1）平均碰撞频率　每个分子在一秒内与其他分子的平均碰撞次数，即

$$\overline{Z}=\sqrt{2}\pi d^2\ \overline{v}n$$

（2）平均自由程　一个分子在连续两次碰撞之间走过的平均路程，即

$$\overline{\lambda}=\frac{\overline{v}}{\overline{Z}}=\frac{1}{\sqrt{2}\pi d^2 n}$$

当气体的温度或压强变化时，有

$$\overline{\lambda}=\frac{kT}{\sqrt{2}\pi d^2 p}$$

*** 9. 范德瓦耳斯方程**

考虑气体分子的体积和引力模型，对于 1mol 气体有

$$\left(p+\frac{a}{V_{\mathrm{m}}^2}\right)(V_{\mathrm{m}}-b)=RT$$

式中，a、b 为范德瓦耳斯常量。

12.2　习题解答

12-1　关于温度的意义，有下列几种说法：

（1）气体的温度是分子平均平动动能的量度；

（2）气体的温度是大量气体分子热运动的集体表现，具有统计意义；

（3）温度的高低反映物质内部分子运动剧烈程度的不同；

（4）从微观上看，气体的温度表示每个气体分子的冷热程度。

这些说法中正确的是：

（A）（1）（2）（4）；　　（B）（1）（2）（3）；

（C）（2）（3）（4）；　　（D）（1）（3）（4）。　　[B]

12-2　1mol 刚性双原子分子理想气体，当温度为 T 时，其内能为：

（A）$\frac{3}{2}RT$；　　（B）$\frac{3}{2}kT$；

（C）$\frac{5}{2}RT$；　　（D）$\frac{5}{2}kT$。　　[C]

（式中 R 为普适气体常量，k 为玻尔兹曼常量）

12-3　水蒸气分解成同温度的氢气和氧气，内能增加了（不计振动自由度和化学能）？

（A）66.7%；　　（B）50%；

（C）25%；　　（D）0。　　[C]

12-4　一定量的理想气体贮于某一容器中，温度为 T，气体分子的质量为 m。根据理想气体分子模型和统计假设，分子速度在 x 方向的分量的平均值：

（A）$\overline{v_x}=\sqrt{\frac{8kT}{\pi m}}$；　　（B）$\overline{v_x}=\frac{1}{3}\sqrt{\frac{8kT}{\pi m}}$；

（C）$\overline{v_x}=\sqrt{\frac{8kT}{3\pi m}}$；　　（D）$\overline{v_x}=0$。　　[D]

12-5　一定量的理想气体，在温度不变的条件下，当体积增大时，分子的平均碰撞频率 $\overline{Z}$ 和平均自由程 $\overline{\lambda}$ 的变化情况是：

（A）$\overline{Z}$ 减小而 $\overline{\lambda}$ 不变；　　（B）$\overline{Z}$ 减小而 $\overline{\lambda}$ 增大；

（C）$\overline{Z}$ 增大而 $\overline{\lambda}$ 减小；　　（D）$\overline{Z}$ 不变而 $\overline{\lambda}$ 增大。　　[B]

12-6　理想气体微观模型（分子模型）的主要内容是：

（1）____________________；

（2）____________________；

（3）____________________.

答案：气体分子的大小与气体分子之间的距离比较，可以忽略不计；

除了分子碰撞的一瞬间外，分子之间的相互作用力可以忽略；

分子之间以及分子与器壁之间的碰撞是完全弹性碰撞。

12-7　有一个电子管，其真空度（即电子管内气体压强）为 1.0×10^{-5} mmHg，则 27℃ 时管内单位体积的分子数为________。（玻尔兹曼常量 $k=1.38\times10^{-23}$ J/K，$1\text{atm}=1.013\times10^{5}\text{Pa}=76\text{cmHg}$）

答案：$3.2\times10^{17}/\text{m}^3$

12-8　有一瓶质量为 m 的氢气（视作刚性双原子分子的理想气体），温度为 T，则氢分子的平均平动动能为________，氢分子的平均动能为________，该瓶氢气的内能为________。

答案：$\frac{3}{2}kT$；$\frac{5}{2}kT$；$\frac{5}{2}mRT/M_{\text{mol}}$

12-9　习题 12-9 图所示的两条曲线分别表示氦、氧两种气体在相同温度 T 时分子按速率的分布，其中

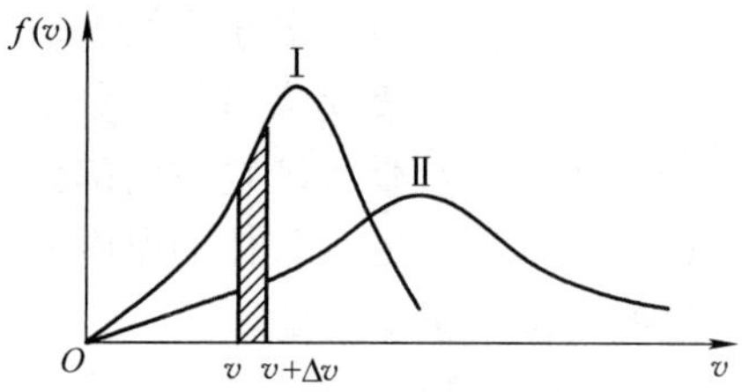

习题 12-9 图

（1）曲线Ⅰ表示________气分子的速率分布曲线；

曲线Ⅱ表示________气分子的速率分布曲线；

（2）画有阴影的小长条面积表示________；

（3）分布曲线下所包围的面积表示________。

答案：氧，氦

速率在 $v\to v+\Delta v$ 范围内的分子数占总分子数的百分率

速率在 $0\to\infty$ 整个速率区间内的分子数的百分率的总和

12-10　在平衡状态下，已知理想气体分子的麦克斯韦速率分布函数为 $f(v)$、分子质量为 m、最概然速率为 v_p，试说明下列各式的物理意义：

（1）$\int_{v_p}^{\infty}f(v)\,\mathrm{d}v$ 表示____________________；

（2）$\int_{0}^{\infty}\frac{1}{2}mv^2f(v)\,\mathrm{d}v$ 表示____________________。

答案：分布在 $v_p\sim\infty$ 速率区间的分子数在总分子数中占的百分率分子平动动能的平均值

12-11　试根据理想气体压强公式导出理想气体的道尔顿定律。（即在一定温度下，混合气体的总压强等于互相混合的各种气体的分压强之和。）

证：设容器中有 N 种气体，各种气体的单位体积分子数分别为 n_1，n_2，…，n_N，则单位体积的总分子数 $n = n_1 + n_2 + \cdots + n_N$。

在同一温度下，平均平动动能与气体性质无关，故总压强

$$\begin{aligned} p &= \frac{2}{3}n\frac{1}{2}m\overline{v^2} \\ &= \frac{2}{3}(n_1 + n_2 + \cdots + n_N)\frac{1}{2}m\overline{v^2} \\ &= \frac{2}{3}n_1\frac{1}{2}m\overline{v^2} + \frac{2}{3}n_2\frac{1}{2}m\overline{v^2} + \cdots + \frac{2}{3}n_N\frac{1}{2}m\overline{v^2} \end{aligned}$$

所以

$$p = p_1 + p_2 + \cdots + p_N$$

12-12　试从分子动理论的观点解释：为什么当气体的温度升高时，只要适当地增大容器的容积就可以使气体的压强保持不变?

答：根据 $p = (2/3)n(m\overline{v^2}/2)$ 公式可知：

当温度升高时，由于 $\overline{v^2}$ 增大，气体分子热运动比原来激烈，因而分子对器壁的碰撞次数增加，而且每次作用于器壁的冲量也增加，故压强有增大的趋势。

若同时增大容器的体积，则气体分子数密度 n 变小，分子对器壁的碰撞次数就减小，故压强有减小的趋势。

因而，在温度升高的同时，适当增大体积，就有可能保持压强不变.

12-13　试从温度公式（即分子热运动平均平动动能和温度的关系式）和压强公式导出理想气体的状态方程式。

推导：由温度公式

$$\overline{w} = \frac{3}{2}kT$$

压强公式

$$p = (2/3)n\overline{w}$$

得

$$p = nkT = (M/M_{\text{mol}})(N_A/V)kT = (M/M_{\text{mol}})(RT/V)$$

所以

$$pV = (M/M_{\text{mol}})RT$$

12.3　气体动理论章节训练

1. 选择题

12-1　有两瓶气体：一瓶是氦气，另一瓶是氮气，它们的压强相同，温度也相同，但体积不同，则：[　　]

（A）它们单位体积内的气体的质量相等；

（B）它们单位体积内的原子数相等；

（C）它们单位体积内的气体分子数相等；

（D）它们单位体积内的气体的内能相等。

12-2　一个绝热容器如选择题 12-2 图所示，用质量可忽略的绝热板分成体积相等的两部分，两边分别装入质量相等、温度相同的 H_2 和 O_2。开始绝热板 P 固定，然后释放之，板 P 将发生移动（绝热板与容器壁之间不漏气且摩擦可以忽略不计）。在达到新的平衡位置后，

若比较两边温度的高低，则结果是：[　　]

（A）H_2比O_2温度高；

（B）O_2比H_2温度高；

（C）两边温度相等且等于原来的温度；

（D）两边温度相等但比原来的温度降低了。

12-3　如选择题12-3图所示，两个大小不同的容器用均匀的细管相连，管中有一水银滴作活塞，大容器装有氧气，小容器装有氢气，当温度相同时水银滴静止于管中，则：[　　]

（A）所装氧气的密度较大；

（B）所装氢气的密度较大；

（C）两容器中气体的密度一样大；

（D）无法判断。

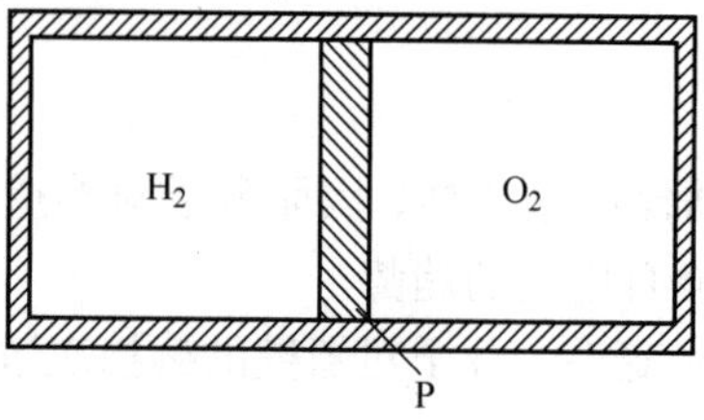

选择题12-2图

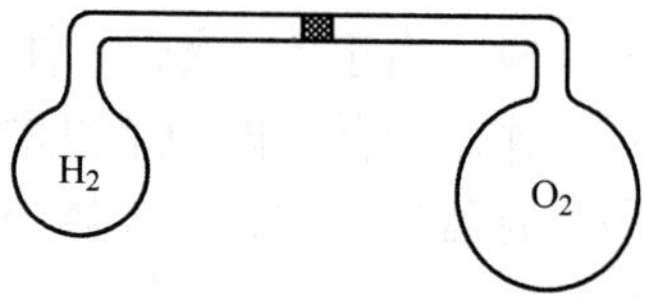

选择题12-3图

12-4　若室内生起炉子后温度从15℃升高到27℃，而室内气压不变，则此时室内的分子数减少了：[　　]

（A）0.5%；　　（B）4%；

（C）9%；　　（D）21%。

2. 填空题

12-1　温度为27℃时，1mol氧气具有的平动动能为$E_{平}=$________，所具有的转动动能为$E_{转}=$________。

12-2　分子的平均动能公式$\overline{\varepsilon}=\frac{i}{2}kT$（$i$是分子的自由度）的适用条件是________，室温下1mol双原子分子理想气体的压强为p，体积为V，则此气体分子的平均动能为________。

12-3　在相同的温度和压强下，各为单位体积的氢气（视为刚性双原子分子体）与氦气的内能之比为________，各为单位质量的氢气和氦气的内能之比为________。

12-4　三个容器内分别储有1mol氦（He）、1mol氢（H_2）和1mol氨（NH_3）（均视为刚性分子的理想气体），若它们的温度都升高1K，则三种气体的内能的增加值分别为：氦：________，氢：________，氨：________。

3. 计算题

12-1　有$2\times10^{-3}m^3$刚性双原子理想气体，其内能为6.75×10^2J：

（1）试求气体的压强？

（2）设分子总数为 5.4×10^{22} 个，求分子的平均平动动能及气体的温度？

12-2　设有氧气 8g，体积为 0.41L，温度为 300K。如氧气做绝热膨胀，膨胀后的体积为 4.1L。问：气体做功多少？氧气做等温膨胀，膨胀后的体积也是 4.1L，问这时气体做功多少？

12-3　如计算题 12-3 图，一容器被一可移动、无摩擦且绝热的活塞分割成Ⅰ、Ⅱ两部分。容器左端封闭且导热，其他部分绝热。开始时在Ⅰ、Ⅱ中各有温度为 0℃，压强 1.013×10^5Pa的刚性双原子分子的理想气体。两部分的容积均为 36L。现从容器左端缓慢地对Ⅰ中气体加热，使活塞缓慢地向右移动，直到Ⅱ中气体的体积变为 18L 为止。求：（1）Ⅰ中气体末态的压强和温度；（2）外界传给Ⅰ中气体的热量。

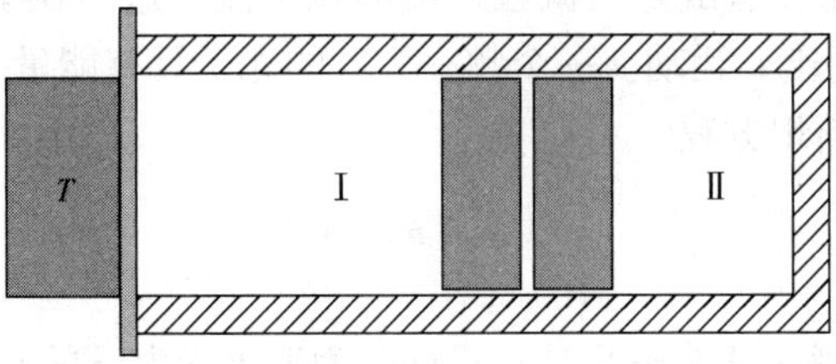

计算题 12-3 图

第 13 章　量子物理基础

本章内容与教材第 13 章内容相对应。

13.1　学习要点与重要公式

1. 光电效应

（1）光电效应的实验规律

① 存在截止频率（又称红限）对某一金属，只有入射光的频率大于某一频率 ν_0 时，电子才能从金属表面逸出，光电效应才会发生；

② 如果不同频率的光（$\nu > \nu_0$）照射在同一种金属表面时，遏止电压 U_a 与入射光频率 ν 成线性关系；

③ 饱和光电流　强度与入射光强度成正比；

④ 瞬时性　无论入射光的强度如何，只要其频率大于截止频率，则当光照射到金属表面时，几乎立即就有光电流逸出。(延迟时间约为 10^{-9}s)

（2）爱因斯坦对光电效应的解释

① 光子假说　光束可以看成是由微粒构成的粒子流，这些粒子流叫做光量子，简称光子。在真空中，光子以光速 c 运动。一个频率为 ν 的光子具有能量 $\varepsilon = h\nu$。

② 光电效应的爱因斯坦方程

$$h\nu = \frac{1}{2}mv_{\mathrm{m}}^2 + A$$

式中，ν 为入射光子的频率；A 为逸出功；$\frac{1}{2}mv_{\mathrm{m}}^2$ 为逸出光电子的最大初动能。

③ 红限频率的计算

$$\nu_0 = \frac{A}{h}$$

④ 遏止电压 U_a 与入射光频率 ν 成线性关系

$$U_a = \frac{1}{e}(h\nu - A)$$

式中，$e = 1.6 \times 10^{-19} C$ 为电子电量。

2. 康普顿效应

（1）康普顿散射　单色 X 射线被物质散射时，散射线中除了有波长与入射线相同的成分外，还有波长较长的成分，这种波长变长的散射称为康普顿散射（或康普顿效应）。

（2）$\Delta\lambda$ 的计算

$$\Delta\lambda = 2\lambda_C \sin^2\frac{\theta}{2}$$

式中，θ 称为散射角；$\lambda_C=\frac{h}{m_e c}=0.00243nm$ 称为康普顿波长。

3. 玻尔氢原子光谱

（1）玻尔的基本假设

① 定态假说　电子在原子中，可以在一些特定的圆轨道上运动，而不辐射电磁波，这时原子处于稳定状态（定态）并具有一定的能量。

② 量子化条件　电子以速度 v 在半径为 r 的圆周上绕核运动时，只有电子的角动量 L 等于 $h/(2\pi)$ 的整数倍的那些轨道才是稳定的。

即
$$L=mvr=n\frac{h}{2\pi}\ (n=1，2，3，\cdots 称为主量子数)$$

③ 跃迁假设　当原子从高能量的定态跃迁到低能量的定态，即电子从高能级 E_i 的轨道跃迁到低能级 E_f 的轨道上时，要发射能量为 $h\nu$ 的光子，其中 ν 满足

$$h\nu=E_i-E_f=\Delta E$$

（2）玻尔氢原子理论

① 电子轨道半径——$r_n=n^2r_1$，其中 $r_1=\frac{\varepsilon_0h^2}{\pi me^2}=0.529\times10^{-10}\mathrm{m}$；

② 原子能级——$E_n=\frac{E_1}{n^2}$，其中 $E_1=-\frac{me^4}{8\varepsilon_0^2h^2}=-13.6\mathrm{eV}$；

③ 电子跃迁的辐射规律——$\frac{1}{\lambda}=\tilde{\nu}=R\left(\frac{1}{n_f^2}-\frac{1}{n_i^2}\right)$，其中（$n_i>n_f$）。

式中，$R=1.097\times10^7\mathrm{m}^{-1}$ 称为里德伯常量；$\tilde{\nu}=\frac{1}{\lambda}$ 称为波数。

4. 实物粒子的波粒二象性

（1）德布罗意假设　一切实物粒子都具有波粒二象性，粒子的能量 E、动量 p 与相应的物质波的频率 ν、波长 λ 之间的关系为

$$E=h\nu\ ,\ p=h/\lambda$$

（2）物质波的波长

$$\lambda=\frac{h}{mv}=\frac{h}{m_0v}\sqrt{1-v^2/c^2}$$

不考虑相对论效应（$v\ll c$）时，则

$$\lambda=\frac{h}{m_0v}$$

（3）电子衍射实验（戴维逊－革末实验）

这个实验证实了电子有衍射现象，从而显示了电子的波动性。

具有动能为 $E_\mathrm{k}=\frac{1}{2}m_0v^2$（$v\ll c$）的电子对应的物质波波长为

$$\lambda=\frac{h}{\sqrt{2m_0E_\mathrm{k}}}$$

5. 测不准关系

某些成对的描述微观粒子的物理量（如位置和动量、时间和能量等）不能同时具有确

定值，写成不等式即为

$$\Delta x\Delta p \geqslant \frac{\hbar}{2},\ \Delta t\Delta E \geqslant \frac{\hbar}{2}\ （其中\ \hbar = \frac{h}{2}）$$

在具体计算中一般取等号。

6. 波函数

（1）波函数 $\boldsymbol{\Psi}$（$\boldsymbol{r}$，t）　受测不准关系的制约，微观粒子的运动状态不能用坐标和动量来描述，而要用波函数 $\boldsymbol{\Psi}$（$\boldsymbol{r}$，t）来描述，这种描述体现了微观粒子的波粒二象性。

（2）波函数的意义　物质波是统计意义下的概率波，波函数在某时刻某点处模的平方，等于该时刻该点附近单位体积中粒子出现的概率（即概率密度），即

$$\omega(\boldsymbol{r},t) = |\Psi(\boldsymbol{r},t)|^2$$

（3）波函数满足的条件

① 标准化条件——单值、有限、连续；

② 归一化条件——$\int_V |\Psi(\boldsymbol{r},t)|^2 \mathrm{d}V = 1$。

7. 薛定谔方程

（1）稳定势场 $U(r)$ 中粒子所处的状态称为定态，描述定态的波函数 $\psi(r)$ 称为定态波函数，定态波函数 $\psi(r)$ 所满足的微分方程称为定态薛定谔方程，定态薛定谔方程为

$$\nabla^2\psi(r) + \frac{2m}{\hbar^2}(E-U)\psi(r) = 0$$

式中，m 为粒子质量；E 为粒子的总能量；$U(r,\ t)$ 为粒子所处势场的势能函数。

（2）一维势场中，具有势能为 $U(x)$，总能量 $E = E_k + U(x) = \frac{p^2}{2m} + U(x)$ 的微观粒子所满足的一维定态薛定谔方程为

$$\frac{\mathrm{d}^2\psi(x)}{\mathrm{d}x^2} + \frac{2m}{\hbar^2}(E-U)\psi(x) = 0$$

8. 四个量子数

原子中电子的运动状态需要用四个量子数（n、l、m_l、m_s）来描述，如表 13-1 所示。

表 13-1　四个量子数

名称	符号及取值	作　用	量子能条件
主量子数	$n=1,\ 2,\ 3\cdots$	决定电子在原子中的能量	能量量子化 $E_n = -\frac{me^4}{8\varepsilon_0^2h^2}\cdot\frac{1}{n^2}$
角量子数	$l=0,\ 1,\ 2,\ \cdots,\ (n-1)$ 共 n 个值	决定电子绕核运动的角动量	角动量量子化 $L=\sqrt{l(l+1)}\ \hbar$
磁量子数	$m_l=0,\ \pm1,\ \pm2,\ \cdots,\ \pm l$ 共（$2l+1$）个值	决定电子绕核运动角动量的空间取向	轨道角动量空间量子化 $L_z=m_l\hbar$
自旋磁量子数	$m_s=\pm\frac{1}{2}$	决定电子自旋角动量的空间取向	自旋角动量空间量子化 $S_z=m_s\hbar$

9. 原子的电子壳层结构

（1）泡利不相容原理——决定壳层中电子数目的准则

原子系统内不可能有两个或两个以上的电子处于同一状态（即 n、l、m_l、m_s）。

① 对应主量子数为 n 的主壳层，所具有的量子态数目 $Z_n=2n^2$；

② 对应角量子数为 l 的次壳层，所具有的量子态数目 $Z_l=2(2l+1)$。

（2）能量最小原理——决定电子在壳层中排列顺序的准则

每一个电子都趋向于占取能量最低的能级。

10. 激光

（1）受激辐射　激发态原子在外来光子作用下的辐射称为受激辐射，受激辐射光子和外来光子的频率、位相、偏振态、传播方向等完全相同，受激辐射具有光放大作用。

（2）粒子数反转　高能级的粒子数多于低能级的粒子数，称为粒子数反转。

（3）激光器的基本结构——激活介质、光学谐振腔、激励能源。

（4）激光的特性　高定向性（光束发散度小）、高单色性（光束中波长的一致性好）、高相干性（激光的相干长度长）、高亮度性（能量高度集中）。

13.2　习题解答

13-1　已知某单色光照射到一金属表面产生了光电效应，若此金属的逸出电势是 U_0（使电子从金属逸出需做功 eU_0），则此单色光的波长 λ 必须满足：

（A）$\lambda \leqslant hc/(eU_0)$；　　（B）$\lambda \geqslant hc/(eU_0)$；

（C）$\lambda \leqslant eU_0/(hc)$；　　（D）$\lambda \geqslant eU_0/(hc)$。　　[A]

13-2　用频率为 ν 的单色光照射某种金属时，逸出光电子的最大动能为 E_k；若改用频率为 2ν 的单色光照射此种金属时，则逸出光电子的最大动能为：

（A）$2E_k$；　　（B）$2h\nu - E_k$；

（C）$h\nu - E_k$；　　（D）$h\nu + E_k$。　　[D]

13-3　在康普顿效应实验中，若散射光波长是入射光波长的 1.2 倍，则散射光光子能量 ε 与反冲电子动能 E_k之比 ε / E_k为：

（A）2；　（B）3；　（C）4；　（D）5。　　[D]

13-4　电子显微镜中的电子从静止开始通过电势差为 U 的静电场加速后，其德布罗意波长是 0.4 Å，则 U 约为：

（A）150V；　　（B）330V；

（C）630V；　　（D）940V。　　[D]

（普朗克常量 $h=6.63\times10^{-34}$J · s）

13-5　不确定关系式 $\Delta x \cdot \Delta p_x \geqslant \hbar$ 表示在 x 方向上：

（A）粒子位置不能准确确定；

（B）粒子动量不能准确确定；

（C）粒子位置和动量都不能准确确定；

（D）粒子位置和动量不能同时准确确定。　　[D]

13-6　设粒子运动的波函数图线分别如习题 13-6 图（A）、（B）、（C）、（D）所示，那么其中确定粒子动量的精确度最高的波函数是哪个图？

［ A ］

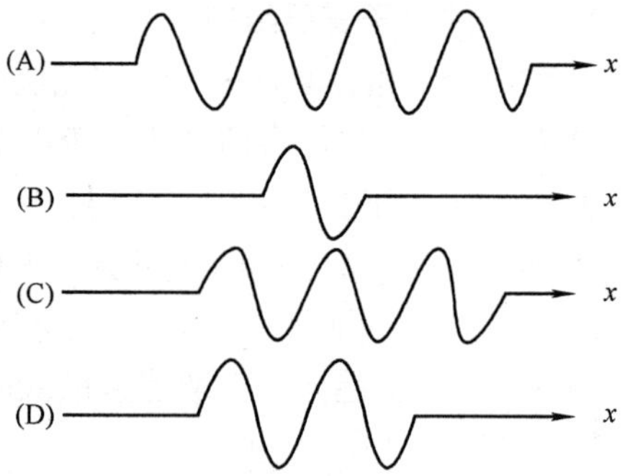

习题 13-6 图

13-7　玻尔的氢原子理论的三个基本的假设是：

（1）________，

（2）________，

（3）________。

答案：量子化定态假设；

量子化跃迁的频率法则　$\nu_{kn}=|E_n-E_k|/h$；

角动量量子化假设 $L=nh/2\pi n\ =1,\ 2,\ 3,\ \cdots$

13-8　光子波长为 λ，则其能量 = ________；动量的大小 = ________；质量 = ________。

答案：hc/λ；h/λ；$h/(c\lambda)$

13-9　以波长为 $\lambda=0.207\mu m$ 的紫外光照射金属钯表面产生光电效应，已知钯的红限频率 $\nu_0=1.21\times10^{15}$Hz，则其遏止电压 $|U_a|$ = ________ V。

（普朗克常量 $h=6.63\times10^{-34}$J·s，基本电荷 $e=1.60\times10^{-19}$C）

答案：0.99V

13-10　在光电效应实验中，测得某金属的遏止电压 $|U_a|$ 与入射光频率 ν 的关系曲线如习题 13-10 图所示，由此可知该金属的红限频率 ν_0 = ________ Hz；逸出功 A = ________ eV。

答案：5×10^{14}；2

13-11　在戴维孙－革末电子衍射实验装置中（见习题 13-11 图），自热阴极 K 发射出的电子束经 $U=500$V 的电势差加速后投射到晶体上，这电子束的德布罗意波长 λ = ________ nm（电子质量 $m_e=9.11\times10^{-31}$kg，基本电荷 $e=1.60\times10^{-19}$ C，普朗克常量 $h=6.63\times10^{-34}$ J·s）

答案：0.0549nm

13-12　设描述微观粒子运动的波函数为 $\Psi(\boldsymbol{r},t)$，则 $\Psi\Psi^*$ 表示________；$\Psi(\boldsymbol{r},t)$ 须满足的条件是________；其归一化条件是________。

答案：粒子在 t 时刻在（x，y，z）处出现的概率密度；单值、有限、连续；

$$\iiint|\Psi|^2\mathrm{d}x\mathrm{d}y\mathrm{d}z=1$$

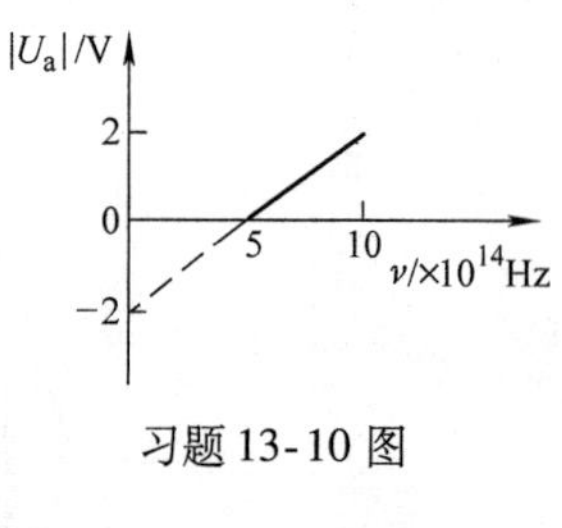

习题 13-10 图

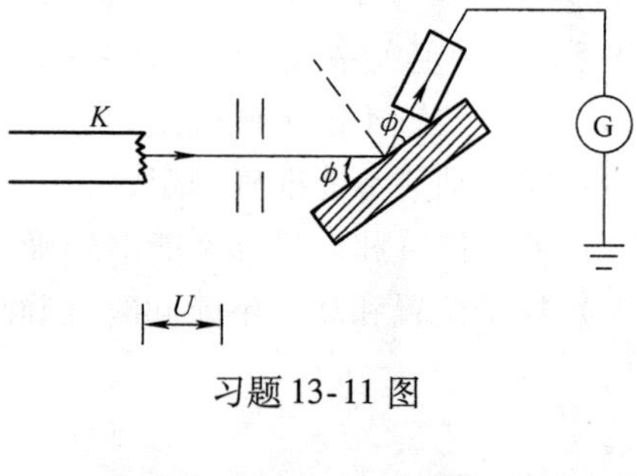

习题 13-11 图

13.3　量子物理基础章节训练

1. 选择题

13-1　关于同时性有人提出以下一些结论，其中哪个是正确的？[　　]

(A) 在一惯性系同时发生的两个事件，在另一惯性系一定不同时发生；

(B) 在一惯性系不同地点同时发生的两个事件，在另一惯性系一定同时发生；

(C) 在一惯性系同一地点同时发生的两个事件，在另一惯性系一定同时发生；

(D) 在一惯性系不同地点不同时发生的两个事件，在另一惯性系一定不同时发生。

13-2　金属产生光电效应的红限波长为 λ_0，今以波长为 $\lambda(\lambda<\lambda_0)$ 的单色光照射该金属，金属释放出的电子（质量为 m_e）的动量大小为：[　　]

(A) h/λ；

(B) h/λ_0；

(C) $[2m_e hc(\lambda_0+\lambda)/(\lambda\lambda_0)]^{1/2}$；

(D) $(2m_e hc/\lambda_0)^{1/2}$；

(E) $[2m_e hc(\lambda_0-\lambda)/(\lambda\lambda_0)]^{1/2}$。

13-3　令电子的速率为 v，则电子的动能 E_k 对于比值 v/c 的图线可用选择题 13-3 图中哪一个图表示？（c 表示真空中光速）[　　]

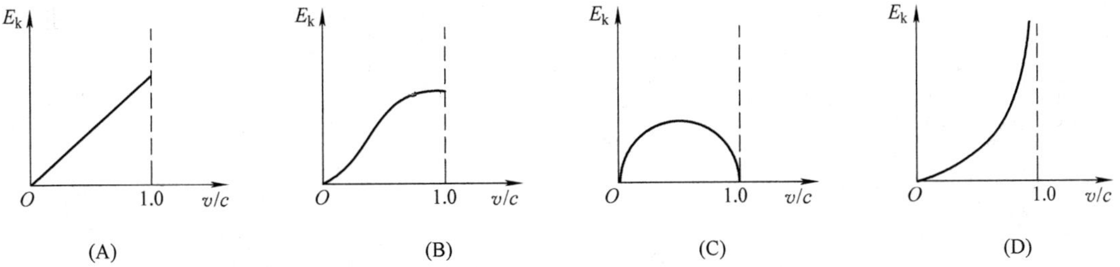

选择题 13-3 图

13-4　若外来单色光把氢原子激发至第三激发态，则当氢原子跃迁回低能态时，可发出的可见光光谱线的条数是：[　　]

(A) 1；　　(B) 2；　　(C) 3；　　(D) 6。

13-5　若 α 粒子（电量为 $2e$）在磁感应强度为 B 的均匀磁场中沿半径为 R 的圆形轨道运动，则 α 粒子的德布罗意波长是：[　　]

(A) $h/(2eRB)$；　　(B) $h/(eRB)$；

(C) $1/(2eRBh)$；　　(D) $1/(eRB)$。

2. 填空题

13-1　狭义相对论中，一质点的质量 m 与速度 v 的关系式为________，其动能的表达式为________。

13-2　已知某金属的逸出功为 A，用频率为 ν_1 的光照射该金属能产生光电效应，则该金

属的红限频率 ν_0 = ________ （$\nu_1>\nu_0$），且遏止电势差 U_a = ________。

13-3　氢原子由定态 l 跃迁到定态 k 可发射一个光子，已知定态 l 的电离能为 0.85eV，又已知从基态使氢原子激发到定态 k 所需能量为 10.2eV，则在上述跃迁中氢原子所发射的光子的能量为________ eV。

3. 计算题

13-1　波长为3500Å 的光子照射某种材料的表面，实验发规，从该表面发出的能量最大的光电子在 $B=1.5\times10^{-5}$T 的磁场中偏转而成的圆轨道半径 $R=18$cm，求该材料的逸出功是多少电子伏特？

13-2　实验发现基态氢原子可吸收能量为 12.75eV 的光子。求：

（1）氢原子吸收该光子后将被激发到哪个能级？

（2）受激发的氢原子向低能级跃迁时，可能发出哪几条谱线？计算其波长，请定性地画出能级图，并将这些跃迁画在能级图上。

* 附录　2011—2016 年我校大学物理期末试卷真题

附录 A　2011—2012 学年第二学期期末考试

课程名称：大学物理　　　　　　　　**A 卷**

考试班级：　　　　　　　　　　**考试方式：**　闭卷

题号	一	二	三	四	五	合计
满分	20	24	20	16	20	100
实得分						

评阅人	得分

一、简答题（每题 5 分，共 20 分）

1-1　物体的速度大小不变时，它受到的合外力是否一定为零，试举例说明。

1-2　简谐振动过程是能量守恒的过程，但能量守恒的过程就一定是简谐振动吗？试举例说明。

1-3　在杨氏双缝实验中，当两缝的间距和双缝的宽度分别增大时，干涉条纹分别如何变化。

1-4　热力学第一定律的表达公式是什么，热力学第二定律的两种叙述分别是什么。

评阅人	得分

二、选择题（每题3分，共24分）

1-1　一质点以速度 $v=4+t^2$（SI）做直线运动，沿质点运动直线作 Ox 轴。已知 $t=3\text{s}$ 时质点位于 $x=9\text{m}$ 处，则该质点的运动学方程为：[　　]

（A）$x=2t$；　（B）$x=4t+t^3/2$；

（C）$x=4t+t^3/(3-12)$；　（D）$x=4t+t^3/(3+12)$。

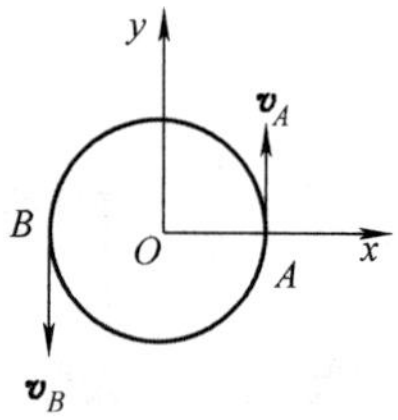

附选择题1-2图

1-2　质量为 m 的小球在力的作用下，在水平面内做半径为 R，速率为 v 的匀速圆周运动，如附选择题1-2图所示，小球自 A 点逆时针运动到 B 点的半周内，动量的增量应为：[　　]

（A）$2mv\boldsymbol{j}$；　（B）$-2mv\boldsymbol{j}$；　（C）$2mv\boldsymbol{i}$；　（D）$-2mv\boldsymbol{i}$。

1-3　对某一闭合曲面的电通量为 $\oint_S \boldsymbol{E}\cdot\mathrm{d}\boldsymbol{S}=0$，以下说法正确的是：[　　]

（A）S 面上的 $\boldsymbol{E}$ 必定为零；　（B）S 面内的电荷必定为零；

（C）空间电荷的代数和为零；　（D）S 面内电荷的代数和为零。

1-4　如附选择题1-4图所示：在圆心处的磁感应强度为：[　　]

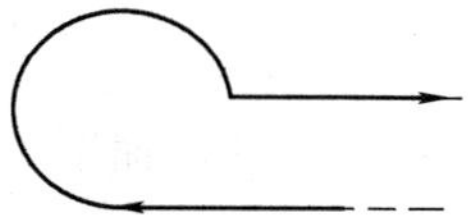
附选择题1-4图

（A）$\dfrac{\mu_0 I}{4\pi R}+\dfrac{3\mu_0 I}{8R}$；　（B）$\dfrac{\mu_0 I}{2\pi R}+\dfrac{3\mu_0 I}{8R}$；

（C）$\dfrac{\mu_0 I}{4\pi R}-\dfrac{3\mu_0 I}{8R}$；　（D）$-\dfrac{\mu_0 I}{2\pi R}+\dfrac{3\mu_0 I}{8R}$。

1-5　一质点在 x 轴上做简谐振动，振辐 $A=4\text{cm}$，周期 $T=2\text{s}$，其平衡位置取作坐标原点。若 $t=0$ 时质点第一次通过 $x=-2\text{cm}$ 处，且向 x 轴负方向运动，则质点第二次通过 $x=-2\text{cm}$ 处的时刻为：[　　]

（A）1s；　（B）（1/3）s；　（C）（4/3）s；　（D）2s。

1-6　一波沿 x 轴负向传播，其振幅为0.2m。频率为50Hz，波速30m/s。若 $t=0$ 时，坐标原点处的质点位移为零，且 $v_0>0$，则此波的波函数为：[　　]

（A）$y=0.2\cos\left[100\pi\left(t-\dfrac{x}{30}\right)+\dfrac{\pi}{2}\right]$；　（B）$y=0.2\cos\left[100\pi\left(t+\dfrac{x}{30}\right)-\dfrac{\pi}{2}\right]$；

（C）$y=0.2\cos\left[100\pi\left(t-\dfrac{x}{30}\right)+\dfrac{3\pi}{2}\right]$；　（D）$y=0.2\cos\left[100\pi\left(t+\dfrac{x}{30}\right)-\dfrac{3\pi}{2}\right]$。

1-7　平板玻璃和凸透镜构成牛顿环装置，全部浸入 $n=1.60$ 的液体中，如附选择题1-7图所示，凸透镜可沿 OO' 移动，用波长 =500nm（$1\text{nm}=10^{-9}\text{m}$）的单色光垂直入射。从上向下观察，看到中心是一个暗斑，此时凸透镜顶点距平板玻璃的距离最少是：[　　]

（A）156.3nm；　（B）148.8nm；

（C）78.1nm；　（D）74.4nm。

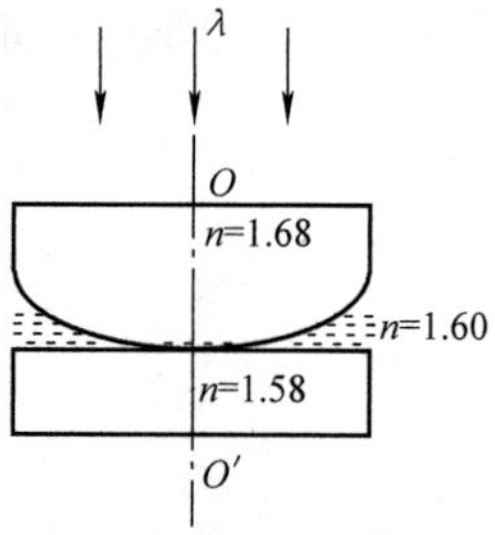

附选择题1-7图

1-8　在单缝夫琅禾费衍射实验中，若增大缝宽，其他条件不变，则中央明条纹 [　　]。

(A) 宽度变小；　　(B) 宽度变大；

(C) 宽度不变，且中心强度也不变；　　(D) 宽度不变，但中心强度增大。

评阅人	得分

三、填空题（每空2分，共20分）

1-1　一质点沿 x 轴运动，运动方程为 $x=3t^2-2t^3$。当它加速度为0时，其速度的大小 $v=$________。

1-2　在正四面体中心放一电量为 Q 的点电荷，则通过其一个侧面的电场强度通量为________。

1-3　在匀强磁场中，电子以速率 $v=8.0\times10^5\text{m/s}$ 做半径 $R=0.5\text{cm}$ 的圆周运动，则磁场的磁感应强度的大小 $B=$________。

1-4　两质点沿同一方向做同振幅同频率的简谐振动。在振动中它们在振幅一半的地方相遇且运动方向相反，则它们的相差为________。

1-5　两个同方向同频率的简谐振动，$x_1=3\times10^{-2}\cos(\omega t+\pi/3)$ 和 $x_2=4\times10^{-2}\cos(\omega t-\pi/6)$，它们的合振幅是________。

1-6　已知某平面简谐波的波源的振动方程为 $y=0.06\sin\frac{1}{2}\pi t$ (SI)，波速为2m/s，则离波源5m处质点的振动方程为________。

1-7　波长为 λ 的平行单色光垂直照射到劈形膜上，劈尖角为 θ，劈形膜的折射率为 n，第 k 级明条纹与第 $k+5$ 级明纹的间距是________。

1-8　用波长为5461Å的平行单色光垂直照射到一透射光栅上，在分光计上测得第1级光谱线的衍射角 $\theta=30°$，则该光栅每一毫米上有________条刻痕。

1-9　波长为600nm的单色平行光，垂直入射到缝宽为 $a=0.60\text{mm}$ 的单缝上，缝后有一焦距 $f'=60\text{cm}$ 的透镜，在透镜焦平面上观察衍射图样。则：中央明纹的宽度为________，两个第3级暗纹之间的距离为________。

评阅人	得分

四、简单计算题（每题8分，共16分）

1-1　一物体沿 x 轴做简谐振动，振幅 $A=0.12\text{m}$，周期 $T=2\text{s}$。当 $t=0$ 时，物体的位移 $x=0.06\text{m}$，且向 x 轴正向运动。求：(1) 简谐振动表达式；(2) 物体从 $x=-0.06\text{m}$ 向 x 轴负方向运动，第一次回到平衡位置所需时间。

1-2　频率为 $f=12.5\text{kHz}$ 的平面余弦纵波沿细长的金属棒传播，波速为 5000m/s。如以棒上某点取为坐标原点，已知原点处振动的振幅为 $A=0.1\text{mm}$，试求：(1) 原点处质点的振动表达式；(2) 波函数。

评阅人	得分

五、分析计算题（每题 10 分，共 20 分）

1-1　如附分析计算题 1-1 图所示，在半导体元件生产中，为了测定硅片上 SiO_2 薄膜的厚度，将该膜的一端腐蚀成劈尖状，已知 SiO_2 的折射率 $n=1.46$，用波长 $\lambda=5893\text{Å}$ 的钠光照射后，观察到劈尖上出现 9 条暗纹，且第 9 条在劈尖斜坡上端点 M 处，Si 的折射率为 3.42。试求 SiO_2 薄膜的厚度。

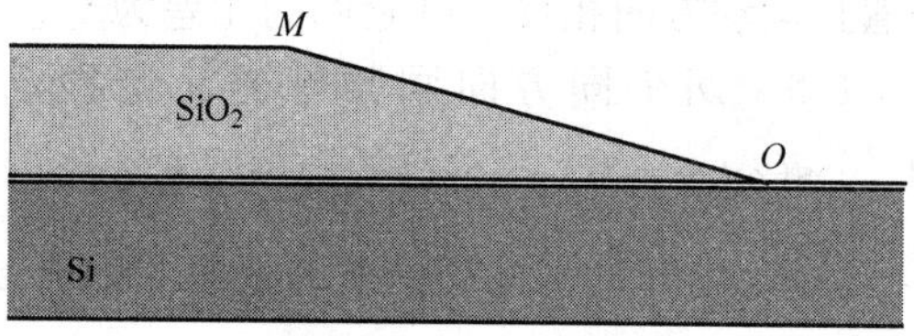

附分析计算题 1-1 图

1-2　波长 600nm 的单色光垂直入射到一光栅上，测得第 2 级主极大的衍射角为 30°，且第 3 级是缺级，则求：(1) 光栅常数 $(a+b)$ 等于多少？(2) 透光缝可能的最小宽度 a 等于多少？

附录 B 2012—2013 学年第二学期期末考试

课程名称：大学物理（上） A 卷

考试班级：12 级各相关班级 考试方式：闭卷

题号	一	二	三	四	五	合计
满分	20	15	30	15	20	100
实得分						

评阅人	得分

一、简答题（每题 5 分，共 20 分）

2-1 位移和路程有何区别？在什么情况下两者的量值相等？在什么情况下并不相等？

2-2 摩擦力做功总是为负的，对吗？试举例说明。

2-3 带电棒吸引干燥软木屑，木屑接触到棒以后，往往又剧烈地跳离此棒，试解释此现象。

2-4 为什么当磁铁靠近电视机的屏幕时会使图像变形？

评阅人	得分

二、选择题（每题 3 分，共 15 分）

2-1 一质点在平面上运动，已知质点的运动方程为 $\boldsymbol{r}=at^2\boldsymbol{i}+bt^2\boldsymbol{j}$，其中 a 和 b 为常数，则质点做：[ ]

（A）匀速直线运动； （B）变速直线运动；

（C）抛物线运动； （D）一般曲线运动。

2-2　一质点在力 $F=5m(5-2t)$ 的作用下，$t=0$ 时从静止开始做直线运动，式中 m 为质点的质量，t 为时间。则当 $t=5\text{s}$ 时，质点的速率为：[　　]

（A）50m/s；　　（B）25m/s；　　（C）0；　　（D）－50m/s。

2-3　在没有其他电荷存在的情况下，一个点电荷 q_1 受另一点电荷 q_2 的作用力为 $\boldsymbol{F}_{12}$，当放入第三个电荷 Q 后，以下说法正确的是：[　　]

（A）$\boldsymbol{F}_{12}$ 的大小不变，但方向改变，q_1 所受的总电场力不变；

（B）$\boldsymbol{F}_{12}$ 的大小改变了，但方向没变，q_1 受的总电场力不变；

（C）$\boldsymbol{F}_{12}$ 的大小和方向都不会改变，但 q_1 受的总电场力发生了变化；

（D）$\boldsymbol{F}_{12}$ 的大小、方向均发生改变，q_1 受的总电场力也发生了变化。

2-4　半径为 r 的均匀带电球面 1，带电量为 q，其外有一个同心的半径为 R 的均匀带电球面 2，带电量为 Q，则此两球面之间的电势差为：[　　]

（A）$\dfrac{q}{4\pi\varepsilon_0}\left(\dfrac{1}{r}-\dfrac{1}{R}\right)$；　　（B）$\dfrac{q}{4\pi\varepsilon_0}\left(\dfrac{1}{R}-\dfrac{1}{r}\right)$；

（C）$\dfrac{1}{4\pi\varepsilon_0}\left(\dfrac{q}{r}-\dfrac{Q}{R}\right)$；　　（D）$\dfrac{q}{4\pi\varepsilon_0 r}$。

2-5　如附选择题 2-5 图在圆心处的磁感应强度为：[　　]

（A）$\dfrac{\mu_0 I}{4\pi R}+\dfrac{3\mu_0 I}{8R}$；　　（B）$\dfrac{\mu_0 I}{2\pi R}+\dfrac{3\mu_0 I}{8R}$；

（C）$\dfrac{\mu_0 I}{4\pi R}-\dfrac{3\mu_0 I}{8R}$。

附选择题 2-5 图

评阅人	得分

三、填空题（每空 2 分，共 30 分）

2-1　系统动量守恒的条件是________，系统机械能守恒的条件是________。

2-2　有一质量 $m=0.5\text{kg}$ 的质点，在 xOy 平面内运动，其运动方程为：$x=2t+2t^2$，$y=3t$(SI)，在时间 $t=1\text{s}\sim3\text{s}$ 这段时间内，外力做功是：$x=$________。

2-3　两个平行的"无限大"均匀带电平面，其电荷面密度分别为 $-\sigma$ 和 $+2\sigma$，如附填空题 2-3 图所示，则 A、B、C 三个区域的电场强度分别为：

$E_A=$________，$E_B=$________，$E_C=$________（设方向向右为正）。

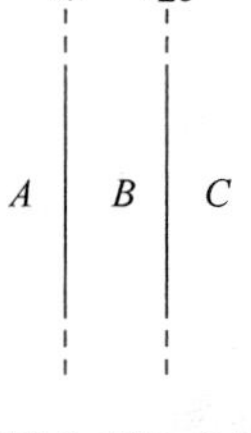

附填空题 2-3 图

2-4　在正四面体的中心放一个电量为 Q 的点电荷，则通过其中一个侧面的电通量为________。

2-5　如附填空题 2-5 图所示。试验电荷 q，在点电荷 $+Q$ 产生的电场中，沿半径为 R 的整个圆弧的 3/4 圆弧轨道由 a 点移到 d 点的过程中电场力做功为________；从 d 点移到无穷远处的过程中，电场力做功为________。

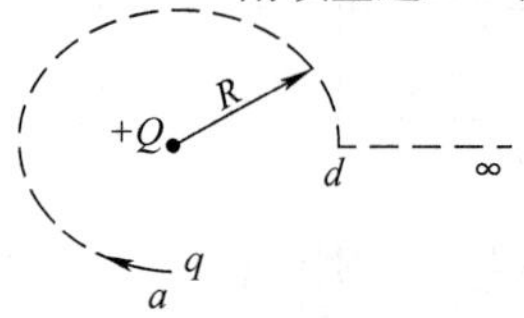

附填空题 2-5 图

2-6　一导体球壳带电为 Q，在球心处放置电荷 q，静电平衡时，外球壳的电荷分布为：内表面________，外表面________。

2-7　边长为 a 的正方形线圈通以电流 I，在中心处的磁感应强度为________。

2-8　如附填空题2-8图所示，真空中有两圆形电流 I_1 和 I_2 和三个环路 $L_1L_2L_3$，则安培环路定律的表达式为 $\oint_{L_1}\boldsymbol{B}\cdot \mathrm{d}\boldsymbol{l}=$ ________，$\oint_{L2}\boldsymbol{B}\cdot \mathrm{d}\boldsymbol{l}=$ ________，$\oint_{L_3}\boldsymbol{B}\cdot \mathrm{d}\boldsymbol{l}=$ ________。

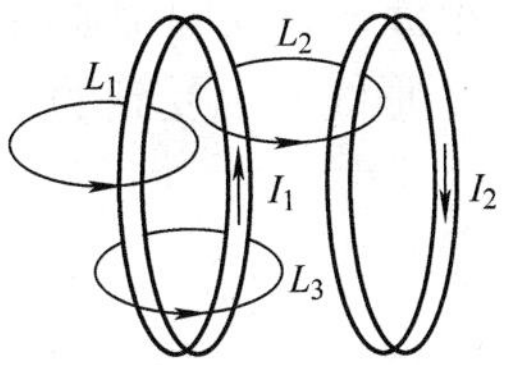

附填空题2-8图

评阅人	得分

四、简单计算题（共15分）

2-1　已知一质点的运动方程为 $\boldsymbol{r}=t\boldsymbol{i}+(4-t^2)\boldsymbol{j}$，试求：

（1）质点的轨迹方程；

（2）从 $t=1\mathrm{s}$ 到 $t=2\mathrm{s}$ 质点的位移；

（3）$t=1\mathrm{s}$ 时质点的速度和加速度。（8分）

2-2　带电荷为 $+Q$ 半径为 R 的均匀带电球面，电荷均匀地分布在球的表面，求距离球心为 r 处的场点电场强度为多少？（7分）

评阅人	得分

五、分析计算题（共20分）

2-1　一人从10m深的井中提水。起始时桶中装有9kg的水，桶的质量为1kg，由于桶底漏水，每升高1m要漏去0.1kg的水。求水桶匀速地从井中提到井口人所做的功。（10分）

2-2　如附分析计算题 2-2 图所示，在长导线旁有一矩形导线线圈 $ABCD$，长直导线中通有电流 I_1，线圈中通有电流 I_2，问：（1）导线 AB 和 BC 受到的 I_1 作用的磁场力各为多少？（2）矩形线圈上受到的合力是多少？（10 分）

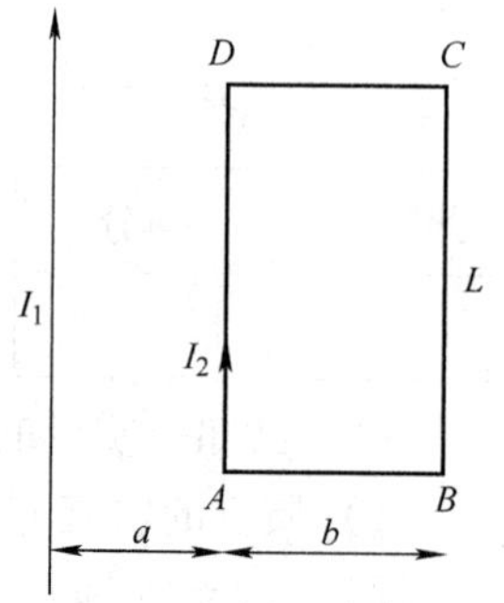

附分析计算题 2-2 图

附录C　2012—2013学年第一学期期末考试

课程名称：大学物理（二）　　A卷

考试班级：12级开课班级　　考试方式：闭卷

题号	一	二	三	四	五	合计
满分	18	20	20	10	32	100
实得分						

评阅人	得分

一、简答题（每题3分，共18分）

3-1　请写出理想气体的状态方程，理想气体和真实气体的内能有什么不同。

3-2　请用公式表示热力学第一定律，并说明每个字母的物理含义。

3-3　一物体受到总是指向平衡位置的合力，但是它不一定是谐振动，对否？为什么？

3-4　相干光的条件是什么，获得相干光的方法有哪两种。

3-5　将双缝干涉装置由空气中放入水中时，屏上的干涉条纹有何变化？

3-6　什么是光程？相位差和光程差之间的关系是什么？请分别用公式表示。

评阅人	得分

二、选择题（每题2分，共20分）

3-1　对于双原子的气体分子来说，它的自由度数目 i 为：（　　）

（A）3；　（B）4；　（C）5；　（D）6。

3-2　室内生起炉子后温度从15℃升高到27℃，而室内气压不变，则室内的分子数减少：（　　）

（A）0.5%；　（B）4%；　（C）9%；　（D）21%。

3-3　一质点做简谐振动，位移与时间的曲线如附选择题3-3图所示，若质点的振动规律用余弦函数描述，则初相位为：（　　）

（A）$\pi/6$；　（B）$-\pi/6$；

（C）$-2\pi/3$；　（D）$2\pi/3$。

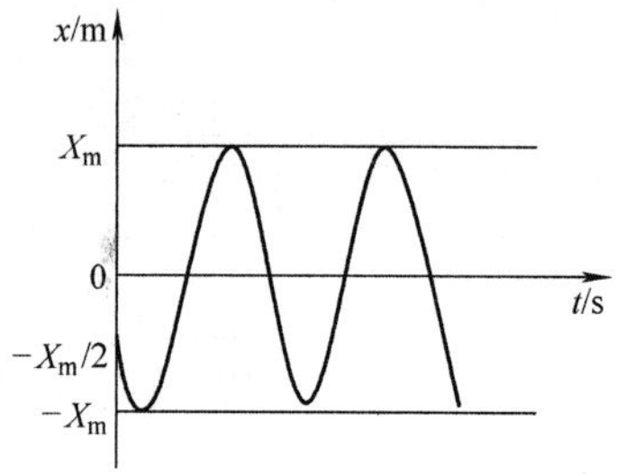

附选择题3-3图

3-4　一波沿 x 轴负向传播，其振幅为0.2m，频率为50Hz，波速30m/s。若 $t=0$ 时，坐标原点处的质点位移为零，且 $v_0>0$，则此波的波函数为：（　　）

（A）$y=0.2\cos[100\pi(t-\frac{x}{30})+\frac{\pi}{2}]$；　（B）$y=0.2\cos[100\pi(t+\frac{x}{30})-\frac{\pi}{2}]$；

（C）$y=0.2\cos[100\pi(t-\frac{x}{30})+\frac{3\pi}{2}]$；　（D）$y=0.2\cos[100\pi(t+\frac{x}{30})-\frac{3\pi}{2}]$。

3-5　一平面简谐波在弹性媒质中传播时，在传播方向上媒质中某质元在负的最大位移处，则它的能量是：（　　）

（A）动能为零，势能最大；　（B）动能为零，势能为零；

（C）动能最大，势能最大；　（D）动能最大，势能为零。

3-6　一质点沿 x 轴做简谐振动，振动方程为 $x=4\times10^{-2}\cos(2\pi t+1/3\pi)$（SI），从 $t=0$ 时刻起，到质点位置在 $x=-2$cm 处，且向 x 轴正方向运动的最短时间间隔为；

（A）1/8s；　（B）1/4s；　（C）1/2s；　（D）1/3s。

3-7　在双缝干涉实验中，屏幕E上的 P 点处是明条纹，若将缝 S_2 盖住，并在 S_1S_2 连线的垂直平分面处放一反射镜M，如附选择题3-7图所示，则此时：（　　）

（A）P 点处仍为明条纹；　（B）P 点处为暗条纹；

（C）无干涉条纹；　（D）不能确定。

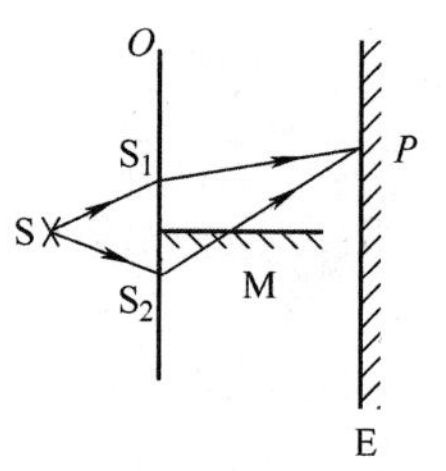

附选择题3-7图

3-8　折射率为 n_2，厚度为 e 的透明介质薄膜的上方和下方的透明介质的折射率分别为 n_1 和 n_3，已知 $n_1<n_2<n_3$，若用波长为 λ 的单色平行光垂直入射到该薄膜上，则从薄膜上、下两表面反射的光束的光程差是：（　　）

（A）$2n_2e$；　（B）$2n_2e-\lambda/2$；　（C）$2n_1e-\lambda/2$；　（D）$2n_3e-\lambda/2$。

3-9　如附选择题3-9图所示平板玻璃和凸透镜构成牛顿环装置，全部浸入 $n=1.60$ 的液体中，凸透镜可沿 OO' 移动，用波长 $\lambda=500\text{nm}$ 的单色光垂直入射。从上向下观察，看到中心是一个暗斑，此时凸透镜顶点距平板玻璃的距离最少是：(　　)

(A) 78.1nm；　　(B) 74.4nm；

(C) 156.3nm；　　(D) 148.8nm。

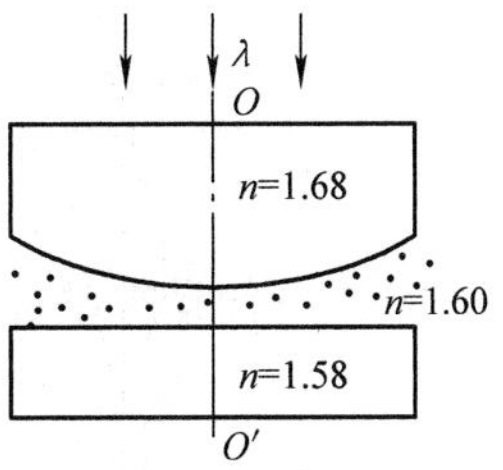

附选择题3-9图

3-10　在如附选择题3-10图所示的单缝夫琅和费衍射装置中，设中央明纹的衍射角范围很小。若使单缝宽度 a 变为原来的3/2，同时使入射的单色光的波长 λ 变为原来的3/4，则屏C上单缝衍射条纹中央明纹的宽度 Δx 将变为原来：(　　)

(A) 3/4；　　(B) 2/3；

(C) 9/8；　　(D) 1/2。

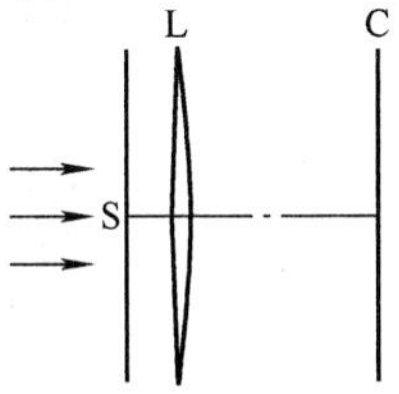

附选择题3-10图

评阅人	得分

三、填空题（每空2分，共20分）

3-1　温度为 T，质量为 m 的氢气（可视作刚性双原子分子的理想气体），它的内能大小 $E=$________。

3-2　设3mol的理想气体开始时处在压强 $p_1=6\text{atm}$，温度 $T_1=500\text{K}$ 的平衡态，经过一个等温过程，压强变为 $p_2=3\text{atm}$，该气体在此等温过程中吸收的热量为 $Q=$________J。

3-3　一简谐振动振子的振动方程为 $x=5\cos\left(\frac{\pi}{4}+\pi t\right)$ (SI) 则 $t=2\text{s}$ 时，此振子的相位为________，速度大小为________。

3-4　如附填空题3-4图所示，有一平面简谐波由右向左传播，波速为 u，已知 B 点的振动方程为 $y_B=A\cos(\omega t+\varphi)$，则此波的波动方程为 $y_0=$________。

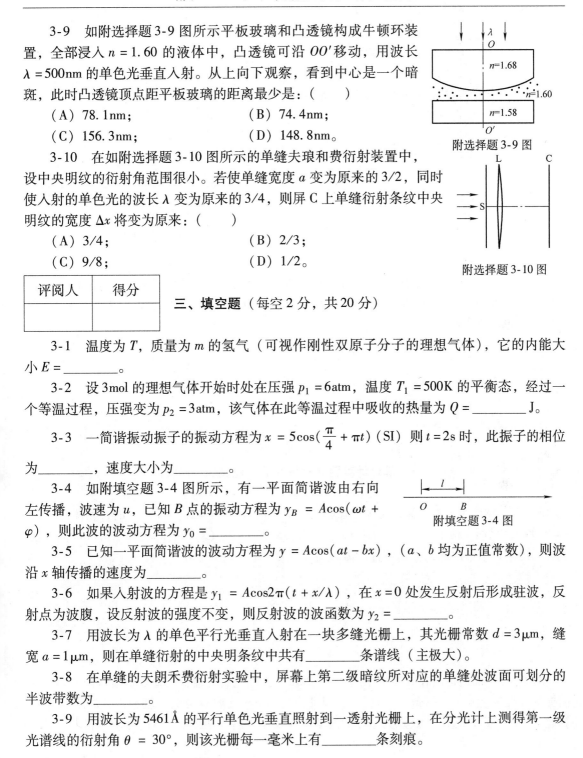

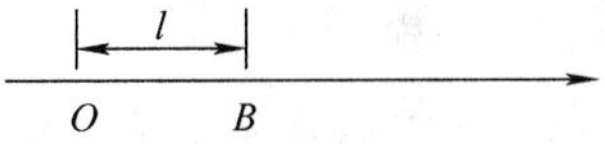

附填空题3-4图

3-5　已知一平面简谐波的波动方程为 $y=A\cos(at-bx)$，(a、b 均为正值常数)，则波沿 x 轴传播的速度为________。

3-6　如果入射波的方程是 $y_1=A\cos 2\pi(t+x/\lambda)$，在 $x=0$ 处发生反射后形成驻波，反射点为波腹，设反射波的强度不变，则反射波的波函数为 $y_2=$________。

3-7　用波长为 λ 的单色平行光垂直入射在一块多缝光栅上，其光栅常数 $d=3\mu\text{m}$，缝宽 $a=1\mu\text{m}$，则在单缝衍射的中央明条纹中共有________条谱线（主极大）。

3-8　在单缝的夫朗禾费衍射实验中，屏幕上第二级暗纹所对应的单缝处波面可划分的半波带数为________。

3-9　用波长为5461Å的平行单色光垂直照射到一透射光栅上，在分光计上测得第一级光谱线的衍射角 $\theta=30°$，则该光栅每一毫米上有________条刻痕。

评阅人	得分

四、简单计算题（每题5分，共10分）

3-1　一简谐振动曲线如附简单计算题3-1图所示，求其简谐振动方程。

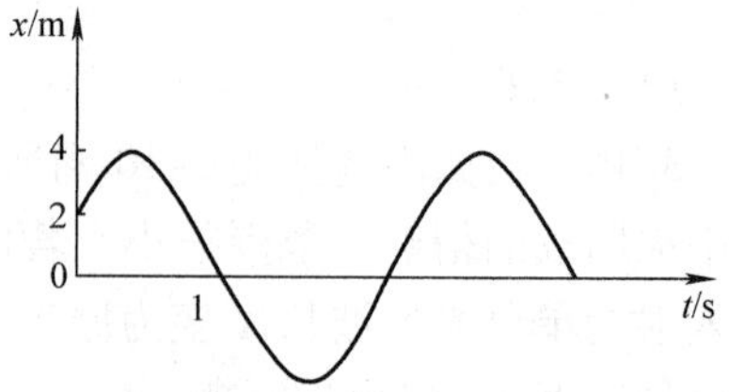

附简单计算题3-1图

3-2　频率为3000Hz的声波，以1560m/s的传播速度沿一波线传播，经过波线上的A点后，再经过13cm而传到B点，求：（1）B点的振动比A点落后的时间。（2）波在AB两点振动时的相位差是多少？

评阅人	得分

五、综合计算题（每题8分，总共32分）

3-1　一物体沿x轴做简谐振动，振幅$A=0.12\text{m}$，周期$T=2\text{s}$。当$t=0$时，物体的位移$x=0.06\text{m}$，且向x轴正向运动。求：（1）简谐振动表达式；（2）物体从$x=-0.06\text{m}$向x轴负方向运动，第一次回到平衡位置所需时间。

3-2　一平面简谐波在介质中以速度$u=20\text{m/s}$自左向右传播，已知在传播路径上某点A的振动方程为$y_A=3\cos(4\pi t-\pi)$(SI)，以A点左方5m处的O点为x轴原点，如附综合计算题3-2图所示，写出以O点为原点的波动方程及在A右方9m处D点的振动方程。

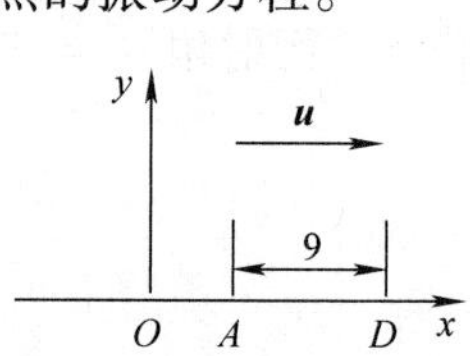

附综合计算题3-2图

3-3　假设 1mol 单原子理想气体的循环过程如 $T-V$ 图（见附综合计算题 3-3 图）所示，其中 C 点的 $T_C=600\text{K}$，试求：（1）ab，bc，ca 各个过程系统吸收的热量；（2）经此循环，此系统所做的净功；（3）循环效率。

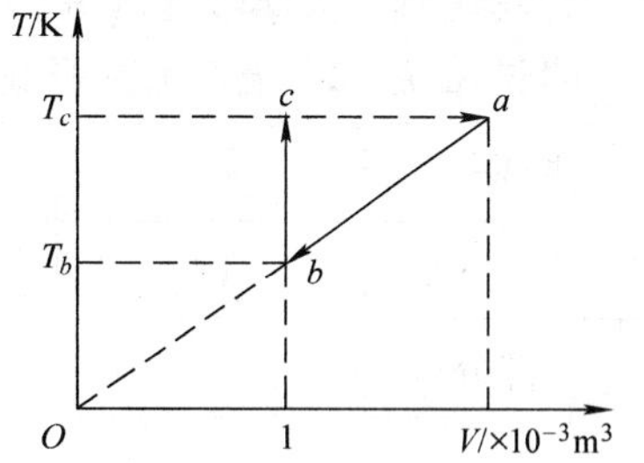

附综合计算题 3-3 图

3-4　波长 6000Å 的单色光垂直入射在一光栅上，第 2 级、第 3 级光谱级分别出现在衍射角 ϕ_2、ϕ_3满足下式的方向上，即 $\sin\phi_2=0.20$，$\sin\phi_3=0.30$，第 4 级缺级，问：（1）光栅常数等于多少？（2）光栅上狭缝宽度有多大？

重修标记□

姓名______ 学号______ 班级______

附录 D 2013—2014 学年第二学期期末考试

课程名称：大学物理（一） **A 卷**

考试班级：13 级各相关班级 **考试方式：开卷［ ］ 闭卷［√］**

题号	一	二	三	四	合计
满分	18	30	32	20	100
实得分					

评阅人	得分

一、简答题（每题 3 分，共 18 分）

4-1 速度和速率有何区别？在什么情况下两者的量值相等？

4-2 一物体可否只具有动量而无机械能？试举例说明。

4-3 在干燥的冬季人们脱毛衣时，常听见噼里啪啦的放电声，试解释此现象。

4-4 试辨析：以点电荷为中心的球面上电场强度 E 处处相等。

4-5 电源中存在的电场和静电场有何不同？

4-6 为什么当磁铁靠近电视机的屏幕时会使图像变形？

评阅人	得分

二、填空题（每空 2 分，共 30 分）

4-1　系统动量守恒的条件是________，系统机械能守恒的条件是________。

4-2　一质点以加速度 $a=2t+3$(SI) 做直线运动，沿质点运动直线作 Ox 轴。已知其初速度为 5m/s，则当 $t=3$s 时其速度 $v=$________。

4-3　两个平行的“无限大”均匀带电平面，其电荷面密度分别为 $+\sigma$ 和 $+2\sigma$，如附填空题 4-3 图所示，则 AB 区域的场强则为：$E_A=$________，$E_B=$________（设方向向右为正）。

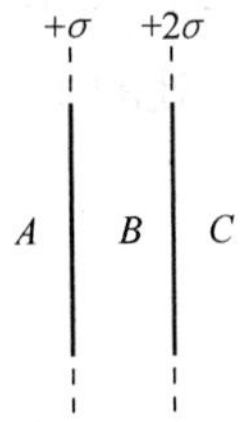

附填空题 4-3 图

4-4　在正方体的中心放一个电量为 Q 的点电荷，则通过其中一个侧面的电通量为________。

4-5　如附填空题 4-5 图所示。试验电荷 q，在点电荷 $+Q$ 产生的电场中，沿半径为 R 的整个圆弧的 3/4 圆弧轨道由 a 点移到 d 点的过程中电场力做功为________；从 d 点移到无穷远处的过程中，电场力做功为________。

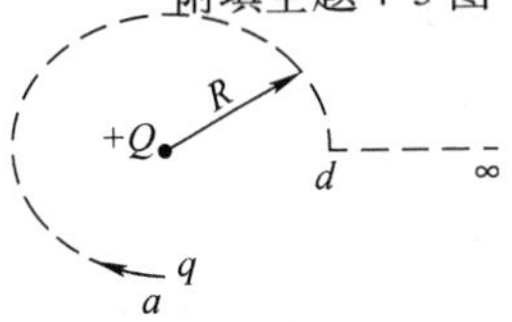

附填空题 4-5 图

4-6　一导体球壳带电为 Q，在球心处放置电量 q，静电平衡后，内表面的电量为________，外表面的电量为________。

4-7　写出静电场的高斯定理表达式：________________；稳恒磁场的高斯定理表达式：________________。

4-8　边长为 a 的正方形线圈通以电流 I，在其中心处的磁感应强度为________。

4-9　如附填空题 4-9 图所示，真空中有两圆形电流 I_1 和 I_2 和三个环路 L_1 L_2 L_3，则安培环路定律的表达式为 $\oint_{L_1}\boldsymbol{B}\cdot \mathrm{d}\boldsymbol{l}=$________，$\oint_{L_2}\boldsymbol{B}\cdot \mathrm{d}\boldsymbol{l}=$________。

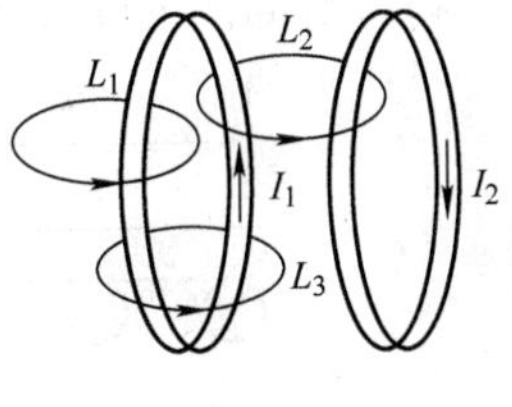

附填空题 4-9 图

评阅人	得分

三、简单计算题（每题 8 分，共 32 分）

4-1　已知一质点的运动方程为 $\boldsymbol{r}=t\boldsymbol{i}+(t^2-4)\boldsymbol{j}$，试求：(1) 质点的轨迹方程；(2) 从 $t=1$s 到 $t=2$s 质点的位移；(3) $t=2$s 时质点的速度和加速度。

4-2　一人从 10m 深的井中提水。起始时桶中装有 10kg 的水，桶的质量为 1kg，由于水桶漏水，每升高 1m 要漏去 0.2kg 的水。求水桶匀速地从井中提到井口，人所做的功。

4-3　带电荷为 $+Q$ 半径为 R 的均匀带电球面，电荷均匀地分布在球的表面，求距离球心为 r 处的场点电势为多少？

4-4　一无限长载流导线，弯成如附简单计算题 4-4 图所示的形状，求其圆心处的磁感应强度。

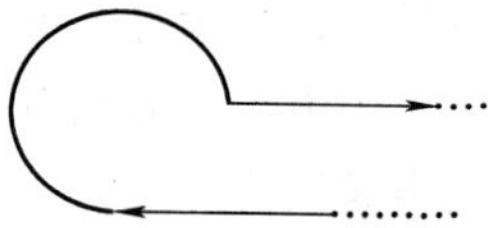

附简单计算题 4-4 图

评阅人	得分

四、分析计算题（每题 10 分，共 20 分）

4-1　传送机通过滑道将长为 L，质量为 m 的柔软匀质物体以初速 v_0 向右送上水平台面，物体前端在台面上滑动 s 距离后停下来（如附分析计算题 4-1 图）。已知滑道上的摩擦可不计，物与台面间的摩擦因数为 μ，而且 $s>L$，试计算物体的初速度 v_0。

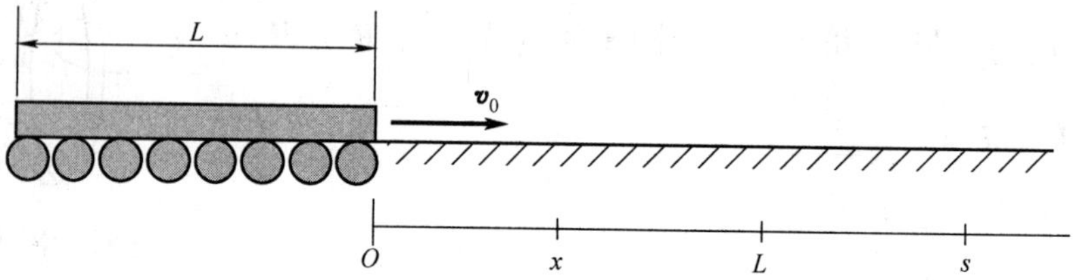

附分析计算题 4-1 图

4-2 如附分析计算题 4-2 图所示，在无限长导线旁有一矩形导线线圈 $ABCD$，无限长直导线中通有电流 I_1，线圈中通有电流 I_2。求：(1) I_1产生的且通过矩形导线线圈面积的磁通量；(2) 矩形导线线圈上四条边在无限长直导线磁场中的磁场力分别为多少？矩形导线线圈受到的合力为多少？

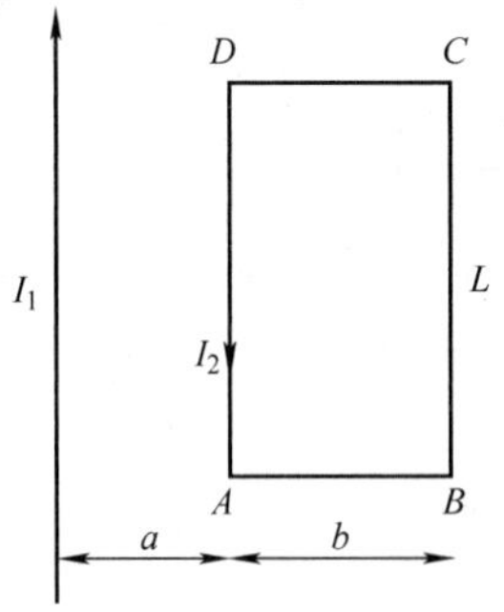

附分析计算题 4-2 图

重修标记□

姓名________ 学号________ 班级________

附录 E　2014—2015 学年第一学期期末考试

课程名称：大学物理（二）　　A 卷

考试班级：13 级开课班级　　考试方式：闭卷

题号	一	二	三	四	五	合计
满分	18	20	20	10	32	100
实得分						

评阅人	得分

一、简答题（每题 3 分，共 18 分）

5-1　什么是平衡态？什么是准静态过程？

5-2　请写出热力学第一定律公式中的功和内能改变量的表达式。

5-3　请介绍弹簧振子做简谐振动时能量的变化情况。

5-4　什么是波的相干现象？

5-5　在杨氏双缝实验中，什么方法可以增大两相邻明纹之间的距离？

5-6　相位差和光程差之间的关系是什么？请用公式表示。

评阅人	得分

二、选择题（每题2分，共20分）

5-1　对于氦气来说，它的自由度数目 i 为：（　　）

（A）3；　　（B）4；　　（C）5；　　（D）6。

5-2　室内生炉子后温度从15℃升到27℃，室内气压不变，则室内剩余的分子数为原来的：（　　）

（A）96%；　　（B）4%；　　（C）9%；　　（D）21%。

5-3　一质点做简谐振动，位移与时间的曲线如附选择题5-3图所示，若质点的振动规律用余弦函数描述，则初相位为：（　　）

（A）$-2\pi/3$；　　（B）$2\pi/3$；

（C）$\pi/6$；　　（D）$-\pi/6$。

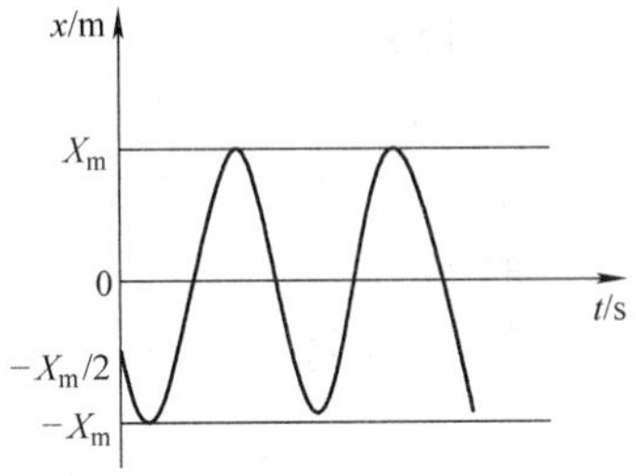

附选择题5-3图

5-4　一波沿 x 轴正向传播，其振幅为0.2m，频率为50Hz，波速30m/s。若 $t=0$ 时，坐标原点处的质点位移为零，且 $v_0>0$，则此波的波函数为：（　　）

（A）$y=0.2\cos\left[100\pi\left(t-\frac{x}{30}\right)+\frac{\pi}{2}\right]$；

（B）$y=0.2\cos\left[100\pi\left(t+\frac{x}{30}\right)-\frac{\pi}{2}\right]$；

（C）$y=0.2\cos\left[100\pi\left(t-\frac{x}{30}\right)+\frac{3\pi}{2}\right]$；

（D）$y=0.2\cos\left[100\pi\left(t+\frac{x}{30}\right)-\frac{3\pi}{2}\right]$。

5-5　一平面简谐波在弹性媒质中传播时，在传播方向上媒质中某质元在平衡位置处，则它的能量是：（　　）

（A）动能为零，势能最大；　　（B）动能为零，势能为零；

（C）动能最大，势能最大；　　（D）动能最大，势能为零。

5-6　一质点沿 x 轴做简谐振动，振动方程为 $x=4\times10^{-2}\cos\left(2\pi t-\frac{\pi}{3}\right)$（SI），从 $t=0$ 时刻起，到质点位置在 $x=-2\text{cm}$ 处，且向 x 轴负方向运动的最短时间间隔为：（　　）

（A）1/8s；　　（B）1/4s；　　（C）1/2s；　　（D）1/3s。

5-7　在双缝干涉实验中，屏幕E上的 P 点处是暗条纹，若将缝 S_2 盖住，并在 S_1S_2 连线的垂直平分面处放一反射镜M，如附选择题5-7图所示，则此时：（　　）

（A）P 点处为明纹；　　（B）无干涉条纹；

（C）P 点处为暗纹；　　（D）不能确定。

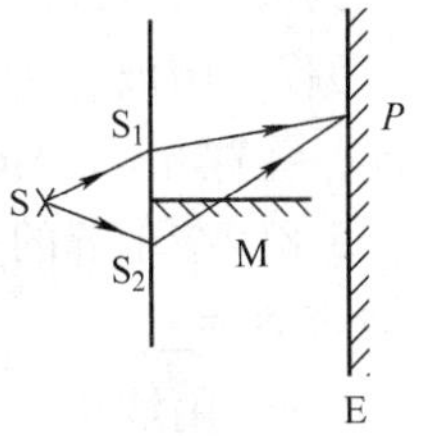

附选择题5-7图

5-8　折射率为 n_2，厚度为 e 的透明介质薄膜的上方和下方的透明介质的折射率分别为 n_1 和 n_3，已知 $n_1>n_2>n_3$，若用波长为 λ 的单色平行光垂直入射到该薄膜上，则从薄膜上、下两表面反射的光束的光

程差是：(　　)

(A) $2n_2e$ ；　　(B) $2n_2e+\lambda/2$；

(C) $2n_1e+\lambda/2$ ；　　(D) $2n_3e-\lambda/2$。

5-9　如附选择题5-9图所示平板玻璃和凸透镜构成牛顿环装置，全部浸入 $n=1.60$ 的液体中，凸透镜可沿 OO' 移动，用波长 $\lambda=500\text{nm}$ 的单色光垂直入射。从上向下观察，看到中心是一个暗斑，此时凸透镜顶点距平板玻璃的距离最少是：(　　)

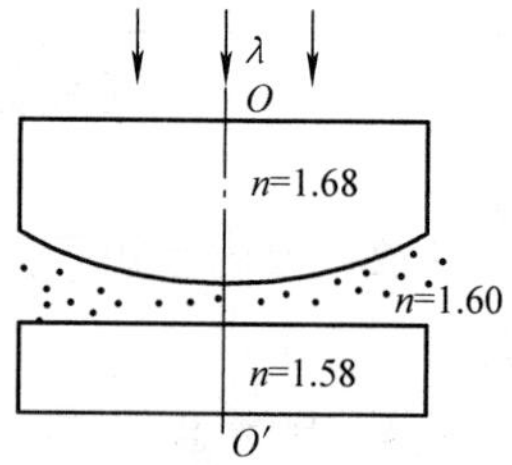

附选择题5-9图

(A) 78.1nm；　　(B) 74.4nm；

(C) 156.3nm；　　(D) 148.8nm。

5-10　在如附选择题5-10图所示的单缝夫琅禾费衍射装置中，设中央明纹的衍射角范围很小。若使单缝宽度 a 变为原来的3/4，同时使入射的单色光的波长 λ 变为原来的1/2，则屏C上单缝衍射条纹中央明纹的宽度 Δx 将变为原来：(　　)

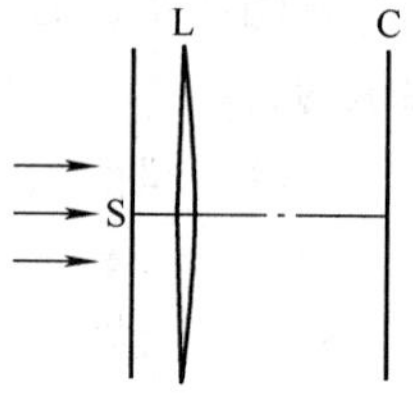

附选择题5-10图

(A) 3/4；　　(B) 2/3；

(C) 9/8；　　(D) 3/8；

评阅人	得分

三、填空题（每空2分，共20分）

5-1　温度为 T，质量为 m 的氧气（可视作刚性双原子分子的理想气体），它的内能大小 $E=$________。

5-2　设3mol的理想气体开始时处在压强 $p_1=6\text{atm}$，温度 $T_1=300\text{K}$ 的平衡态，经过一个等温过程，压强变为 $p_2=3\text{atm}$，该气体在此等温过程中吸收的热量为 $Q=$________J。

5-3　一简谐振动振子的振动方程为 $x=5\cos\left(\frac{\pi}{4}-\pi t\right)$(SI)则 $t=3\text{s}$ 时，此振子的相位为________，位移大小为________。

5-4　如附填空题5-4图，有一平面简谐波由左向右传播，波速为 u，已知 O 点的振动方程为 $y=A\cos(\omega t+\varphi)$，则此波的波函数 $y=$________。

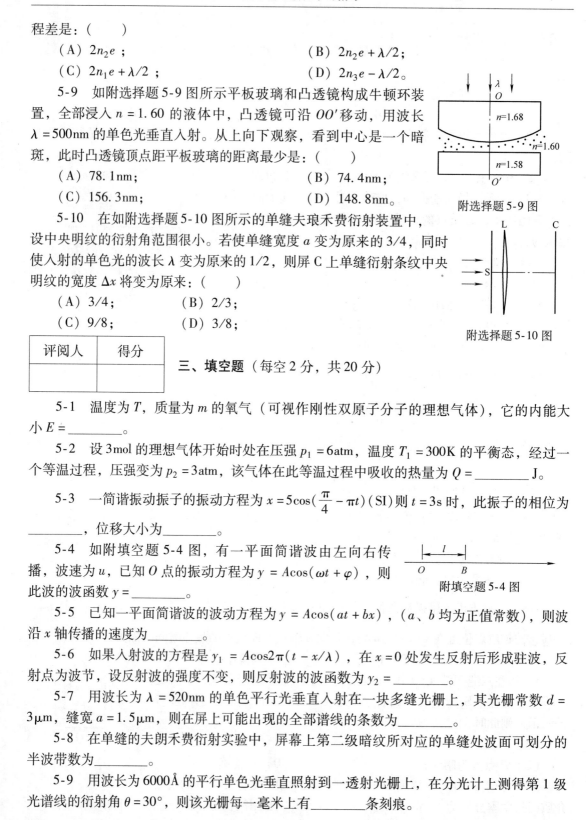

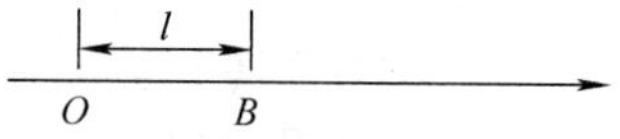

附填空题5-4图

5-5　已知一平面简谐波的波动方程为 $y=A\cos(at+bx)$，(a、b 均为正值常数)，则波沿 x 轴传播的速度为________。

5-6　如果入射波的方程是 $y_1=A\cos2\pi(t-x/\lambda)$，在 $x=0$ 处发生反射后形成驻波，反射点为波节，设反射波的强度不变，则反射波的波函数为 $y_2=$________。

5-7　用波长为 $\lambda=520\text{nm}$ 的单色平行光垂直入射在一块多缝光栅上，其光栅常数 $d=3\mu\text{m}$，缝宽 $a=1.5\mu\text{m}$，则在屏上可能出现的全部谱线的条数为________。

5-8　在单缝的夫朗禾费衍射实验中，屏幕上第二级暗纹所对应的单缝处波面可划分的半波带数为________。

5-9　用波长为6000Å的平行单色光垂直照射到一透射光栅上，在分光计上测得第1级光谱线的衍射角 $\theta=30°$，则该光栅每一毫米上有________条刻痕。

评阅人	得分

四、简单计算题（每题5分，共10分）

5-1 一简谐振动曲线如附简单计算题5-1图所示，求其简谐振动方程。

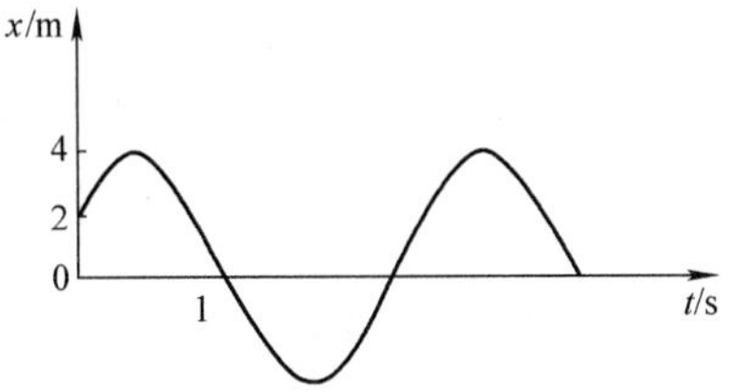

附简单计算题5-1图

5-2 频率为3000Hz的声波，以1560m/s的传播速度沿一波线传播，经过波线上的A点后，再经过13cm而传到B点，求：(1) B点的振动比A点落后的时间。(2) 波在AB两点振动时的相位差是多少？

评阅人	得分

五、综合计算题（每题8分，总共32分）

5-1 一物体沿x轴做简谐振动，振幅$A=0.12$m，周期$T=2$s。当$t=0$时，物体的位移$x=0.06$m，且向x轴负向运动。求：(1) 简谐振动表达式；(2) 物体从$x=-0.06$m向x轴负方向运动，第二次回到平衡位置所需时间。

5-2 频率为$f=25$kHz的平面余弦纵波沿细长的金属棒传播，波速为6000m/s。如以棒上某点取为坐标原点，已知原点处质点振动的振幅为0.2mm，试求：(1) 原点处质点的振动方程；(2) 波函数；(3) 离原点20cm处质点的振动表达式。

5-3　如附综合计算题5-3图所示，一定量的理想气体，由状态 a 经 b 到达 c（abc 为一直线）求此过程中（$1\text{atm}=1.013\times10^5\text{Pa}$）：（1）气体对外做的功；（2）气体内能的增量；（3）气体吸收的热量。

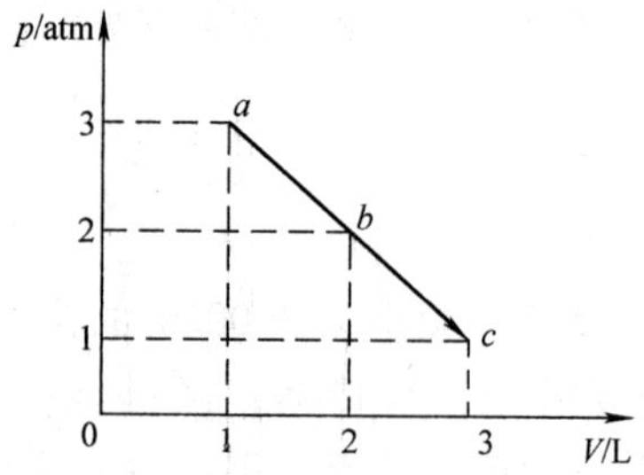

附综合计算题5-3图

5-4　波长6000Å的单色光垂直入射在一光栅上，第2级、第3级光谱级分别出现在衍射角 ϕ_2、ϕ_3满足下式的方向上，即 $\text{sim}\phi_2=0.20$，$\text{sim}\phi_3=0.30$，第4级缺级，问：（1）光栅常数等于多少？（2）光栅上狭缝宽度有多大？

附录 F　2014—2015 学年第二学期期末考试

课程名称：大学物理（一）　　　　　　　　**A　卷**

考试班级：14 级各相关班级　　　　　　**考试方式：闭卷**

题号	一	二	三	四	合计
满分	20	30	30	20	100
实得分					

评阅人	得分

一、简答题（每题 5 分，共 20 分）

6-1　简述自然界中的四种基本相互作用；

6-2　对于做曲线运动的物体，由于速度沿切向方向，故其法向加速度为零，此说法是否正确？

6-3　电荷为 q_1 的一个点电荷处在一高斯球面的中心处，问在下列三种情况下，穿过此高斯面的电场强度通量是否会改变？电场强度通量各是多少？

① 将电荷为 q_2 的第二个点电荷放在高斯面外的附近处；

② 将上述的 q_2 放在高斯面内的任意处；

③ 将原来的点电荷移离高斯面的球心，但仍在高斯面内。

6-4　为什么当磁铁靠近电视机的屏幕时会使图像变形？

评阅人	得分

二、填空题（每空 2 分，共 30 分）

6-1　一质点以加速度 $a=4t+2$(SI)做直线运动，沿质点运动直线作 Ox 轴。已知其初速度为 1m/s，则当 $t=3$s 时其速度大小 $v=$________。

6-2　一质点在同时几个力作用下的位移为：$\Delta\boldsymbol{r}=4\boldsymbol{i}-5\boldsymbol{j}+6\boldsymbol{k}$，其中一个力为：$\boldsymbol{F}=-3\boldsymbol{i}-5\boldsymbol{j}+9\boldsymbol{k}$，则此力在该位移过程中的做功为：________。

6-3　质量为 m 的一艘宇宙飞船关闭发动机返回地球时，可认为该飞船只在地球的引力场中运动。已知地球质量为 m'，万有引力恒量为 G，则当它从距地球中心 R_1 处下降到 R_2 处时，飞船增加的动能应等于________。

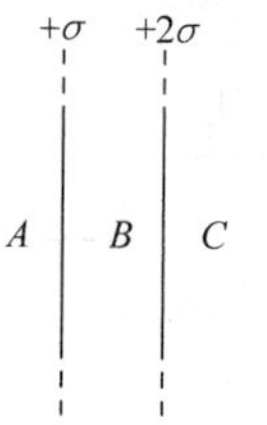

附填空题 6-4 图

6-4　两个平行的"无限大"均匀带电平面，其电荷面密度分别为 $+\sigma$ 和 $+2\sigma$，如附填空题 6-4 图所示，则 ABC 区域的场强则为：$E_A=$________，$E_B=$________，$E_C=$________（设方向向右为正）.

6-5　在正方体的中心放一个电量为 Q 的点电荷，则通过其中一个侧面的电通量为________。

6-6　如附填空题 6-6 图所示。试验电荷 q，在点电荷 $+Q$ 产生的电场中，沿半径为 R 的整个圆弧的 3/4 圆弧轨道由 a 点移到 d 点的过程中电场力做功为________；从 d 点移到无穷远处的过程中，电场力做功为________。

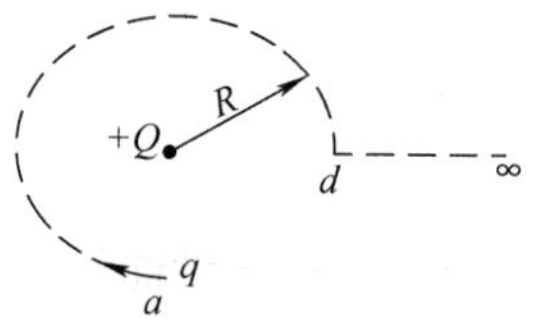

附填空题 6-6 图

6-7　两同心导体球壳，内球壳带电荷 $+q$，外球壳带电荷 $-2q$，静电平衡时，外球壳的电荷分布为：内表面________，外表面________。

6-8　点电荷周围的电势分布为：$V=$________。

6-9　边长为 a 的正方形线圈通以电流 I，在其端点处的磁感应强度为________。

6-10　如附填空题 6-10 图所示，真空中有两圆形电流 I_1 和 I_2 和三个环路 $L_1\,L_2\,L_3$，则安培环路定律的表达式为 $\oint_{L_1}\boldsymbol{B}\cdot\mathrm{d}\boldsymbol{l}=$________，$\oint_{L_3}\boldsymbol{B}\cdot\mathrm{d}\boldsymbol{l}=$________。

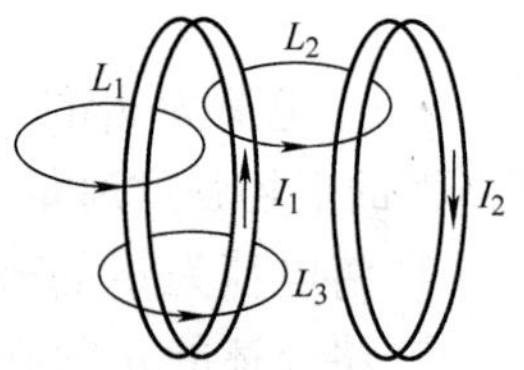

附填空题 6-10 图

评阅人	得分

三、简单计算题（共 30 分）

6-1　已知一质点的运动方程为 $\boldsymbol{r}=2t\boldsymbol{i}+(4-t^2)\boldsymbol{j}$，试求：

（1）质点的轨迹方程；

（2）从 $t=1$s 到 $t=2$s 质点的位移；

（3）$t=2$s 内的平均速度；

（4）$t=2$s 时质点的速度和加速度。（共 12 分）

6-2　一人从 10m 深的井中提水. 起始时桶中装有 10kg 的水，桶的质量为 1kg，由于水桶漏水，每升高 1m 要漏去 0.2kg 的水。求水桶匀速地从井中提到井口，人所做的功。（6 分）

6-3　带电荷为 $+Q$ 半径为 R 的均匀带电球面，电荷均匀地分布在球的表面，求距离球心为 r 处的场点电势为多少?（6 分）

6-4　一无限长载流导线，弯成如附简单计算题 6-4 图所示的形状，求其圆心 O 处的磁感应强度。（6 分）

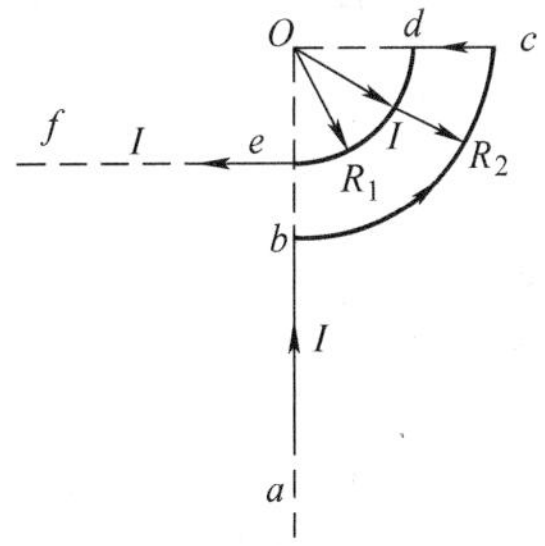

附简单计算题 6-4 图

评阅人	得分

四、分析计算题（每题 10 分，共 20 分）

6-1　传送机通过滑道将长为 L，质量为 m 的柔软匀质物体以初速 v_0 向右送上水平台面，物体前端在台面上滑动 s 距离后停下来，如附分析计算题 6-1 图所示。已知滑道上的摩擦可不计，物与台面间的摩擦因数为 μ，而且 $s>L$，试计算物体的初速度 v_0。

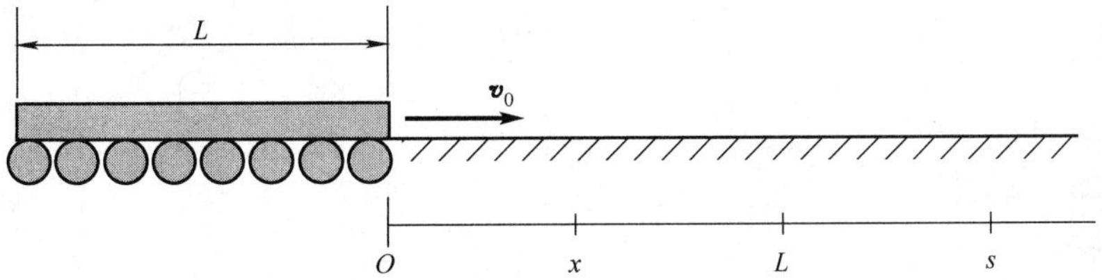

附分析计算题 6-1 图

6-2　如附分析计算题 6-2 图所示，在无限长导线旁有一矩形导线线圈 $ABCD$，无限长直导线中通有电流 I_1，线圈中通有电流 I_2。求：

（1）I_1产生的且通过矩形导线线圈面积的磁通量；

（2）矩形导线线圈上四条边在无限长直导线磁场中的磁场力分别为多少？矩形导线线圈受到的合力为多少？

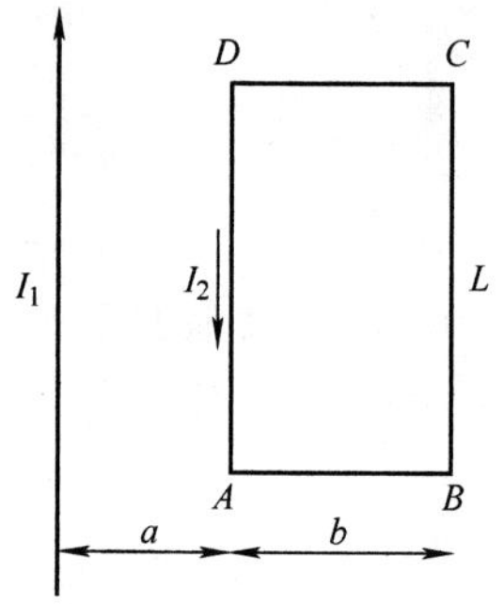

附分析计算题 6-2 图

附录 G　2015—2016 学年第一学期期末考试

课程名称：大学物理（二）　　　　**A 卷**

考试班级：14 级开课班级　　　　**考试方式：闭卷**

题号	一	二	三	四	五	合计
满分	20	20	20	10	20	100
实得分						

评阅人	得分

一、简答题（每题 4 分，共 20 分）

7-1　常见力有哪几种？请写出它们的表达式，力对外的两种表现是什么？

7-2　请写出热力学第零定律的描述内容。

7-3　请介绍弹簧振子做简谐振动时的能量特征。

7-4　请写出惠更斯原理的内容。

7-5　相位差和光程差之间的关系是什么？请用公式表示。

评阅人	得分

二、选择题（每题2分，共20分）

7-1 对于氧气来说，它的自由度数目 i 为：（　　）

（A）3；　　（B）4；　　（C）5；　　（D）6。

7-2 室内生炉子后温度从15℃升到27℃，室内气压不变，则室内剩余的分子数为原来的：（　　）

（A）96%；　　（B）4%；　　（C）9%；　　（D）21%。

7-3 一质点做简谐振动，位移与时间的曲线如附选择题7-3图所示，若质点的振动规律用余弦函数描述，则初相位为：（　　）

（A）$-2\pi/3$；　　（B）$2\pi/3$；

（C）$\pi/6$；　　（D）$-\pi/6$。

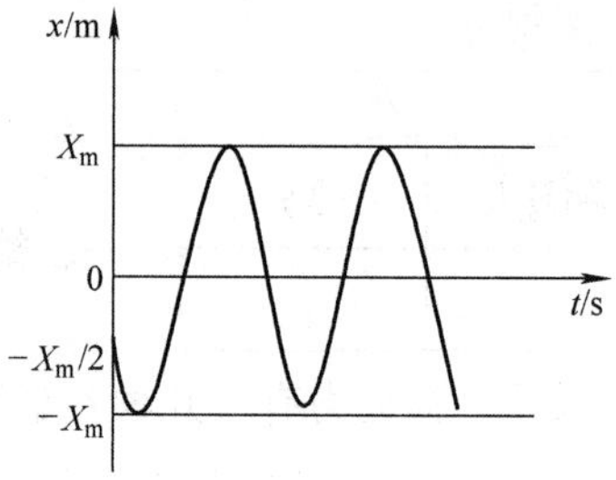

附选择题7-3图

7-4 一波沿 x 轴正向传播，其振幅为0.2m，频率为50Hz，波速30m/s。若 $t=0$ 时，坐标原点处的质点位移为零，且 $v_0>0$，则此波的波函数为：（　　）

（A）$y=0.2\cos[100\pi(t-\frac{x}{30})+\frac{\pi}{2}]$；　　（B）$y=0.2\cos[100\pi(t+\frac{x}{30})-\frac{\pi}{2}]$；

（C）$y=0.2\cos[100\pi(t-\frac{x}{30})+\frac{3\pi}{2}]$；　　（D）$y=0.2\cos[100\pi(t+\frac{x}{30})-\frac{3\pi}{2}]$。

7-5 一平面简谐波在弹性媒质中传播时，在传播方向上媒质中某质元在平衡位置处，则它的能量是：（　　）

（A）动能为零，势能最大；　　（B）动能为零，势能为零；

（C）动能最大，势能最大；　　（D）动能最大，势能为零。

7-6 一质点沿 x 轴做简谐振动，振动方程为 $x=4\times10^{-2}\cos(2\pi t-\frac{\pi}{3})$（SI），从 $t=0$ 时刻起，到质点位置在 $x=-2$cm 处，且向 x 轴负方向运动的最短时间间隔为：（　　）

（A）1/8s；　　（B）1/4s；　　（C）1/2s；　　（D）1/3s。

7-7 在双缝干涉实验中，屏幕E上的 P 点处是暗条纹，若将缝 S_2 盖住，并在 S_1S_2 连线的垂直平分面处放一反射镜M，如附选择题7-7图所示，则此时：（　　）

（A）P 点处为明纹；　　（B）无干涉条纹；

（C）P 点处为暗纹；　　（D）不能确定。

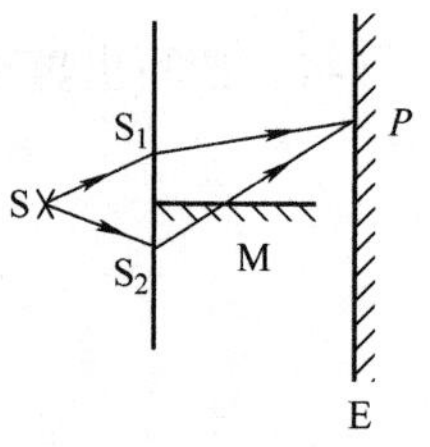

附选择题7-7图

7-8 折射率为 n_2，厚度为 e 的透明介质薄膜的上方和下方的透明介质的折射率分别为 n_1 和 n_3，已知 $n_1<n_2>n_3$，若用波长为 λ 的单色平行光垂直入射到该薄膜上，则从薄膜上、下两表面反射的光束的光程差是：（　　）

（A）$2n_2e$；　　（B）$2n_2e+\lambda/2$；

（C）$2n_1e+\lambda/2$；　　（D）$2n_3e-\lambda/2$。

7-9　如附选择题 7-9 图所示平板玻璃和凸透镜构成牛顿环装置，全部浸入 $n=1.60$ 的液体中，凸透镜可沿 OO' 移动，用波长 $\lambda=500\text{nm}$ 的单色光垂直入射。从上向下观察，看到中心是一个暗斑，此时凸透镜顶点距平板玻璃的距离最少是：（　　）

（A）156.3nm；　　（B）74.4nm；

（C）78.1nm；　　（D）148.8nm。

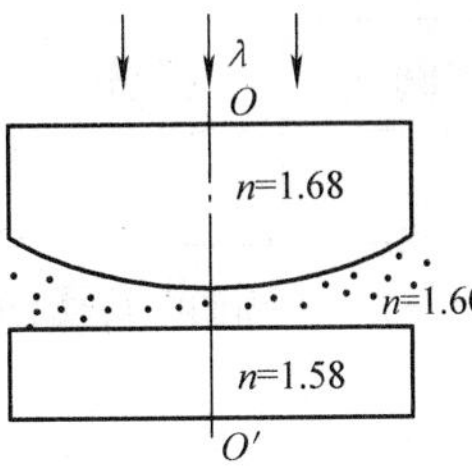

附选择题 7-9 图

7-10　在如附选择题 7-10 图所示的单缝夫琅禾费衍射装置中，设中央明纹的衍射角范围很小。若使单缝宽度 a 变为原来的 3/2，同时使入射的单色光的波长 λ 变为原来的 1/4，则屏 C 上单缝衍射条纹中央明纹的宽度 Δx 将变为原来：（　　）

（A）3/4；　　（B）2/3；

（C）9/8；　　（D）3/8。

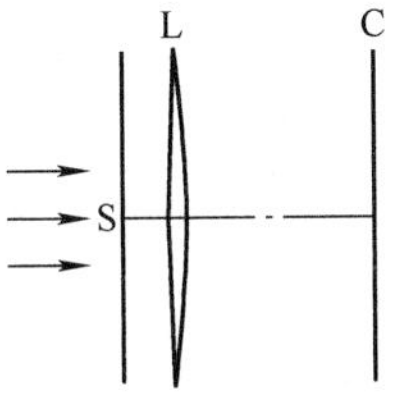

附选择题 7-10 图

评阅人	得分

三、填空题（每空 2 分，共 20 分）

7-1　温度为 100K，质量为 16g 的氧气（视作刚性双原子分子理想气体），其内能 $E=$ ________。

7-2　设 2mol 的理想气体开始时处在压强 $P_1=6\text{atm}$、温度 $T_1=200\text{K}$ 的平衡态，经过一个等温过程，压强变为 $P_2=3\text{atm}$，该气体在此等温过程中吸收的热量为 $Q=$ ________ J。

7-3　一简谐振动振子的振动方程为 $x=5\cos\left(\dfrac{\pi}{4}-\pi t\right)$（SI）则 $t=2\text{s}$ 时，此振子的相位为________，位移大小为________。

7-4　如附填空题 7-4 图，有一平面简谐波由左向右传播，波速为 u，在波的传播方向上距离 O 点为 l 处有一点 B，已知 O 点的振动方程为 $y_O=A\cos(\omega t+\varphi)$，则 B 点的振动方程为 $y_B=$ ________。

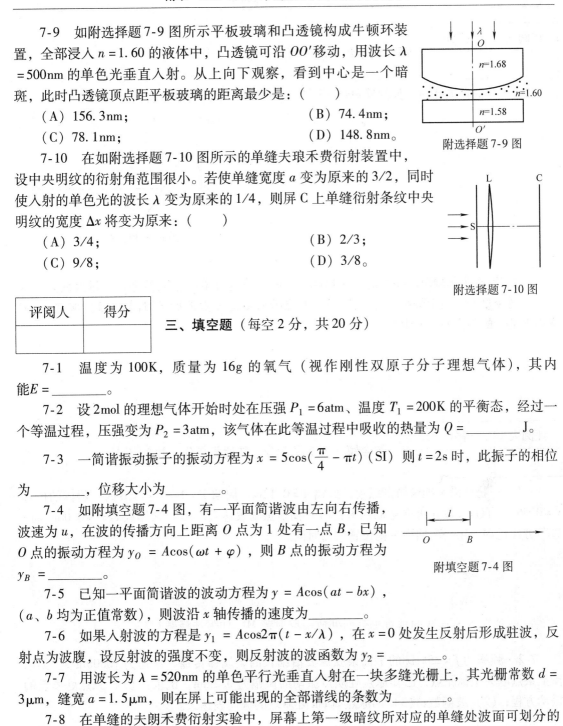

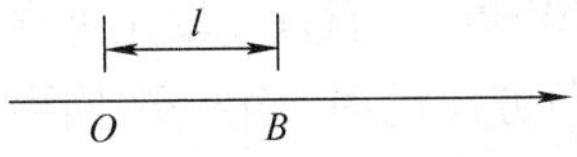

附填空题 7-4 图

7-5　已知一平面简谐波的波动方程为 $y=A\cos(at-bx)$，（a、b 均为正值常数），则波沿 x 轴传播的速度为________。

7-6　如果入射波的方程是 $y_1=A\cos2\pi(t-x/\lambda)$，在 $x=0$ 处发生反射后形成驻波，反射点为波腹，设反射波的强度不变，则反射波的波函数为 $y_2=$ ________。

7-7　用波长为 $\lambda=520\text{nm}$ 的单色平行光垂直入射在一块多缝光栅上，其光栅常数 $d=3\mu\text{m}$，缝宽 $a=1.5\mu\text{m}$，则在屏上可能出现的全部谱线的条数为________。

7-8　在单缝的夫朗禾费衍射实验中，屏幕上第一级暗纹所对应的单缝处波面可划分的半波带数为________。

7-9　用波长为 6000Å 的平行单色光垂直照射到一透射光栅上，在分光计上测得第一级光谱线的衍射角 $\theta=30°$，则该光栅每一厘米上有________条刻痕。

评阅人	得分

四、简单计算题（每题5分，共10分）

7-1　一简谐振动曲线如附简单计算题7-1图所示，求其简谐振动方程。

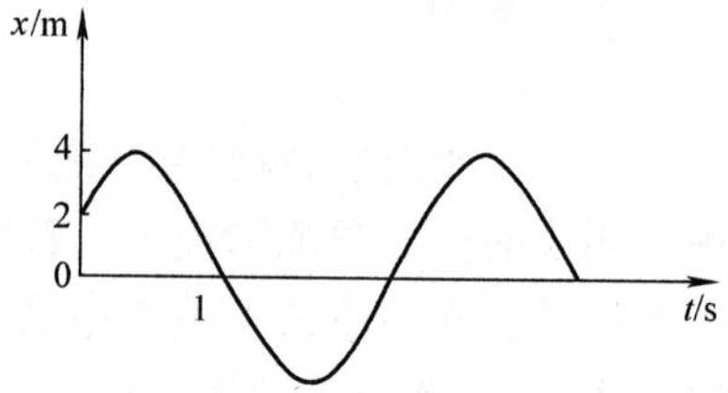

附简单计算题7-1图

7-2　频率为3000Hz的声波，以1560m/s的传播速度沿一波线传播，经过波线上的A点后，再经过13cm而传到B点，求（1）B点的振动比A点落后的时间；（2）波在A、B两点振动时的相位差是多少？

评阅人	得分

五、综合题（第1题6分，其他题8分，共30分）

7-1　一物体沿x轴做简谐振动，振幅$A=0.12$m，周期$T=2$s。当$t=0$时，物体的位移$x=0.06$m，且向x轴正方向运动。求：（1）简谐振动表达式；（2）物体从$x=-0.06$m向x轴负方向运动，第一次回到平衡位置所需时间。

7-2　频率为$f=25$kHz的平面余弦纵波沿细长的金属棒传播，波速为10000m/s。如以棒上某点取为坐标原点，已知原点处质点振动的振幅为0.2mm，试求：（1）原点处质点的振动方程；（2）波函数；（3）离原点20cm处质点的振动表达式。

7-3　一气缸储有氮气，质量为1.25kg，在标准大气压下缓慢地加热，使温度上升10K，试求气体膨胀时所做的功、气体内能增量以及气体所吸收的热量（活塞的质量以及它与气缸壁的摩擦均可略去）。

7-4　用透光宽度 $a=10^{-6}$m、每毫米刻有500条栅纹的光栅，观察波长为589.3nm的钠光谱线，当平行光线垂直入射到光栅上时，最多能看到第几级条纹？总共有多少条条纹？

重修标记□　姓名______　学号______　班级______

附录 H　2015—2016 学年第二学期期末考试

课程名称：大学物理（一）　　A 卷

考试班级：15 级各相关班级　　考试方式：闭卷

题号	一	二	三	合计
满分	30	40	30	100
实得分				

评阅人	得分

一、简答题（每题 5 分，共 30 分）

8-1　位移和路程有何区别？在什么情况下两者的大小相等？

8-2　对于做曲线运动的物体，由于速度沿切向方向，故其法向加速度为零，此说法是否正确？为什么？

8-3　写出牛顿第二定律的表达式，并简述牛顿定律的适用范围。

8-4　南昌地处江南水乡，夏日多雷雨，请简述避雷针避雷原理。

8-5　为什么当磁铁靠近电视机的屏幕时会使图像变形？

8-6　物理与生活息息相关，结合生活中的两种及两种以上物理现象，用你学过的物理知识解释之。

评阅人	得分

二、填空题（每空 2 分，共 40 分）

8-1　系统动量守恒的条件是________，系统机械能守恒的条件是________。

8-2　一质点以速度 $v=2+3t^2$(SI) 做直线运动，沿质点运动直线作 Ox 轴。已知 $t=1\text{s}$ 时质点位于 $x=4\text{m}$ 处，则该质点的运动学方程为 $x=$________。

8-3　一质点在同时几个力作用下的位移为：$\Delta\boldsymbol{r}=4\boldsymbol{i}-5\boldsymbol{j}+6\boldsymbol{k}$，其中一个力为：$\boldsymbol{F}=5\boldsymbol{i}+7\boldsymbol{j}+3\boldsymbol{k}$，则此力在该位移过程中的做功为：________。

8-4　两个平行的“无限大”均匀带电平面，其电荷面密度分别为 -2σ 和 $+3\sigma$，如附填空题 8-4 图所示，则 ABC 区域的场强则为：$E_A=$________，$E_B=$________，$E_C=$________（设方向向右为正）。

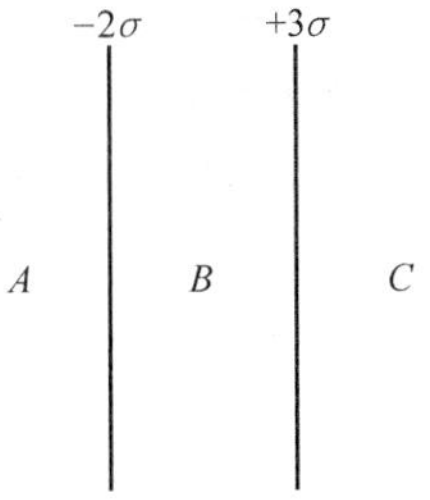

附填空题 8-4 图

8-5　在正方体的中心放一个电量为 Q 的点电荷，则通过其中一个侧面的电通量为________。

8-6　两同心导体球壳，内球壳带电量 $+2q$，外球壳带电量 $-3q$，静电平衡时，外球壳的电荷分布为：内表面________，外表面________。

8-7　点电荷周围的电势分布为：$V=$________。

8-8　边长为 a 的三角形线圈通以电流 I，在其中心处的磁感应强度为________。

8-9　磁场中某点处的磁感应强度 $\boldsymbol{B}=3\boldsymbol{i}+5\boldsymbol{j}$(T)，一电子 e 以速度 $\boldsymbol{v}=2\boldsymbol{i}-6\boldsymbol{j}$（m/s）通过该点，则作用于该电子上的磁场力 $\boldsymbol{F}=$________。

8-10　如附填空题 8-10 图所示，一长直载流为 I 的导线与一矩形线圈共面，且距 CD 为 a，距 EF 为 b，则穿过此矩形单匝线圈的磁通量的大小为________。

8-11　如附填空题 8-11 图所示，真空中有两圆形电流和三个环路 $L_1L_2L_3L_4$，则安培环路定律的表达式为 $\oint_{L_1}\boldsymbol{B}\cdot\mathrm{d}\boldsymbol{l}=$________，$\oint_{L_2}\boldsymbol{B}\cdot\mathrm{d}\boldsymbol{l}=$________，$\oint_{L_3}\boldsymbol{B}\cdot\mathrm{d}\boldsymbol{l}=$________，$\oint_{L_4}\boldsymbol{B}\cdot\mathrm{d}\boldsymbol{l}=$________。

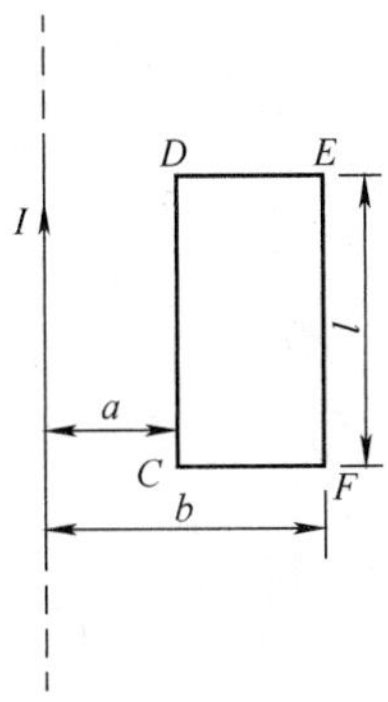

附填空题 8-10 图

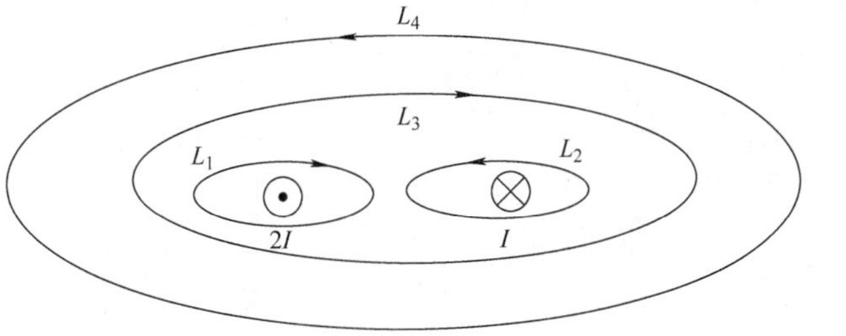

附填空题 8-11 图

8-12 写出静电场的安培定理表达式：________；稳恒磁场的安培定理表达式________。

评阅人	得分

三、计算题（共 30 分）

8-1 已知一质点的运动方程为 $\boldsymbol{r}=2t\boldsymbol{i}+(2-4t^2)\boldsymbol{j}$，试求：(8 分)

(1) 质点的轨迹方程；

(2) 从 $t=1\text{s}$ 到 $t=2\text{s}$ 质点的位移；

(3) $t=2\text{s}$ 内的平均速度；

(4) $t=2\text{s}$ 时质点的速度及其大小；

(5) $t=2\text{s}$ 时质点的加速度及其大小。

8-2 一物体按规律 $x=ct^2$ 在流体媒质中做直线运动，式中 c 为常量，t 为时间。设媒质对物体的阻力 $f=-kv$，试求物体由 $x=0$ 运动到 $x=l$ 时，阻力所做的功。(7 分)

8-3 带电量为 $+Q$ 半径为 R 的均匀带电球面，电荷均匀地分布在球的表面，求距离球心为 r 处的场点电势为多少？(5 分)

8-4　一无限长载流导线，弯成如附计算题 8-4 图所示的形状，求其圆心 O 处的磁感应强度。(5 分)

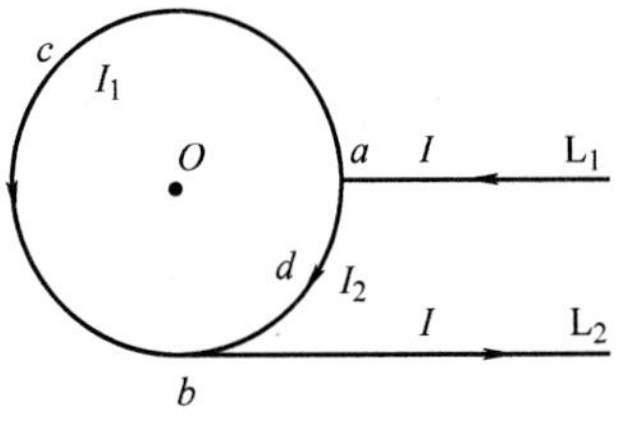

附计算题 8-4 图

8-5　如附计算题 8-5 图所示，在无限长导线旁有一矩形导线线圈 $ABCD$，无限长直导线中通有电流 I_1，线圈中通有电流 I_2。求：矩形导线线圈上四条边在无限长直导线磁场中的磁场力分别为多少？矩形导线线圈受到的合力为多少？(5 分)

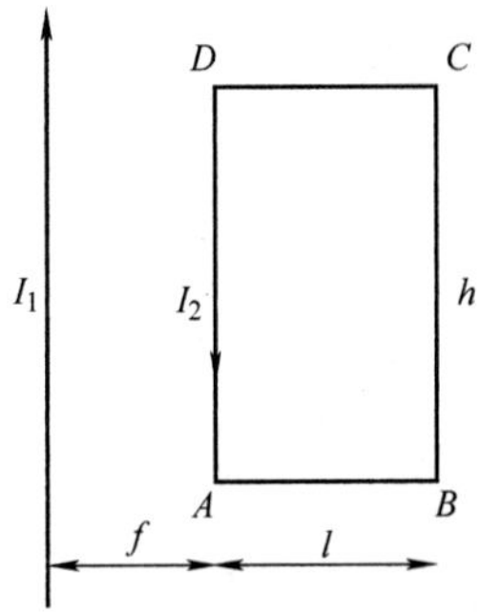

附计算题 8-5 图